미얀마를 즐기다

| 정해성 |

지식공감

미얀마를 즐기다

| 글과 사진·정해성 |

평범한 회사원의 유쾌하고 개성넘치는
여름휴가 이야기

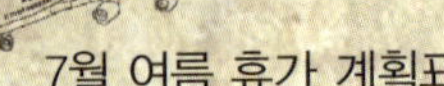

7월 여름 휴가 계획표

여름 휴가	계획	비고
7/20 금요일	출근 후 조퇴	
7/21 토요일	주말휴일	
7/22 일요일	주말휴일	
7/23 월요일	여름휴가	정말 열심히 일했다면 회사에서도 당신을 배려
7/24 화요일	여름휴가	해주지 않을까 생각해 봅니다.
7/25 수요일	여름휴가	
7/26 목요일	여름휴가	"NO를 거꾸로 읽으면 전진을 뜻하는 ON이 됩니다."
7/27 금요일	연차	
7/28 토요일	주말휴일	
7/29 일요일	주말휴일	
7/30 월요일	출근시간 지각	

7월 미얀마 여행 계획(출국 전 계획표)

일자	시간	계획	비용
7/20	16:30	회사 조퇴 후 공항으로 이동	
7/20	21:30	출국	847,000원
7/21	8:50	양곤 도착 (양곤은 국제선과 국내선 항공이 따로 있음)	
	11:00	만달레이로 이동 항공비, 공항픽업 및 수수료	항공비 127,820원 수수료 10,000짯
	12:25	만달레이 도착 로얄게스트하우스로 이동	택시비 10,000~12,000짯
		로얄게스트하우스 싱글 욕실 별도 9불 욕실 화장실 포함 14불	9~14불
		밍군대탑 출발하는 배 시간 오전 9시 밍군대탑 나오는 배 오후 1시 밍군 시가잉 입장료 3불	우베인을 보고 결정하겠음 일단 Pass
		자전거 대여	1,500짯
		나일론 아이스크림, 찬 우유	아이스크림 500짯 찬 우유 600짯
		만달레이 대학 반바지 입장불가	
		우베인 일몰	
		쩨조 야시장 저녁식사	3,000짯
7/22	5:00	보트 선착장으로 이동	
	5:30	슬로 보트타고 바간 제티로 이동	12불
	21:00	바간 도착 바간 입장료	10불
		제티에서 잉와게스트하우스까지 500짯 제티에서 뉴헤븐 호텔까지 500짯	호스카 500짯
7/23	5:30	바간 호스카 투어 민예공 아난다, 쉐지곤, 쉐산도, 부파야 냥우시장 상황 봐서 가기로 함.	13,000짯

날짜	시간	내용	비용
7/24	4:30	껄로로 이동	버스비 10,500짯
	17:00	껄로 도착 이스턴 파라다이스 싱글 룸	10~15불
		1박 2일 트레킹예약 인원에 따라 변동 가능	보통 20불 내외
7/25	7:00	트레킹 첫날 출발 숨어있는 미얀마 현지인 만나기 현지인 집에서 노숙하기	
7/26	12:00	인뗑 도착 – 트레킹 코스 예약 시 반드시 인뗑 유적지 추가하기 출발하기 전 확인할 것	
	16:00	인레 입장료	3불
		인뗑에서 낭쉐로 보트이동 아쿠아 리어스인 숙박 3일	보트비 15,000짯 숙박비 1일 10불
7/27	6:00	보트투어 (포토비를 내야하는 곳이 있음)	스페샬 18,000짯
		닌닌 찾기 남빤 5일장 알아보기 낭쉐에서 쉐냥(버스터미널 있는 곳)가는 픽업 트럭 알아두기 쉐냥에서 28일 양곤 출발 버스시간 알아두기	
		인레 마사지 1시간	5,000짯
7/28	7:00	남빤 5일장 투어	
	16:00	낭쉐 ⋯➤ 쉐냥	택시비 6,000짯 픽업트럭 1,500짯
	17:00	쉐냥 ⋯➤ 양곤 (양곤 출발 버스 시간 14:00, 16:00, 17:00)	버스비 15,000짯
7/29	6:00	양곤 도착 보족시장, 양곤순환열차, 쉐다곤, 깐도지, 술래파야, 차이나타운	
		양곤 순환열차 양곤 중앙 센트럴스테이션 승하차 약 3시간 소요	1불
		중앙역 화장실 이용료	300짯
		술래파고다 입장료	2불
		보족시장	
		사쿠라타워 점심, 맥주	9,000짯
		쉐다곤 파고다 입장료	5불
		깐도지 호수 입장료	1불
		깐도지 호수 유토피아 전망대	500짯
		깐도지 호수에서 국제선 공항으로 이동	택시비 5,000짯
		보족시장에서 공항까지 이동할 땐 6,000짯	
	19:45	양곤에서 한국행 비행기 탑승	
7/30	6:55	국내 입국	
	10:00	회사 1시간 지각 출근	
비고		1달러 1,124원 1달러 867짯 따라서 1,000짯은 우리 돈 약 1,300원	

prologue

"젊어서 고생은 사서도 한다."는 명언을 가슴에 새기고 사원이 10명도 되지 않는 중소기업에서 "월화수목금금금" 쉼 없이 일하고 또 일했다.
이공계 전기과를 졸업하는 동안 공인된 영어 성적이라고는 태어나서 딱 한 번 본 토익! 신발 사이즈 260 가 전부이고 외국어는 외국인만 할 수 있는 언어라고 생각하고 있던 내게 뜻하지 않던 필리핀 출장은 해외라고는 제주도? 에도 가보지 못한 청년의 인생을 바꾸어 놓는 계기가 되었다.

"젊어서 농땡이가 늙어서 보약이다" 명언도 세월이 바뀌면 조금씩 바뀌는 법! 일 년에 한번 쯤은 나를 위한 여행을 하자고 마음을 다잡고 여행을 떠나기 시작했다.
처음으로 떠난 중국여행은 류양이라는 중국인 유학생이 태산에서 나를 버릴 때? 까지 즐거운 여행을 했는데 기록이 없으니 추억도 머릿속에서 금세 지워져만 갔다. 🧽

작년에 다녀온 미얀마는 나 혼자만의 짧은 추억으로 머물지 않길 바라며 미얀마 여행에 도움을 주신 네이버 "미야비즈" 카페 회원 분들과 함께 추억을 나누고자 카페에 여행기를 올리기 시작했고 많은 사람들이 재밌게 읽어 주셔서 여행기를 적는 기쁨까지 알게 해주었다.

지금 다시 나는 내 이야기를 누군가에게 들려주고 싶다. 함께 숨 쉬고 함께 살아가지만 얼굴도 모르고 이름도 모르는 낯선 이에게 나에 기쁨을 나눠주고 싶다.

@Shwezigon Pagoda in Bagan

contents

미 얀 마 를   즐 기 다

myanmar

여행은...

한 해 동안 바르게 살아온 내 자신을 위해
일터를 잠시 벗어날 수 있는 짧은 여유를 손에 쥐어 준다.
지금 이 순간 어릴 적 소풍을 기다리던 그 두근거림이
아직 내 가슴속에 뛰고 있음을 나는 확인한다.

두근거림...

01

여행의 시작

미얀마

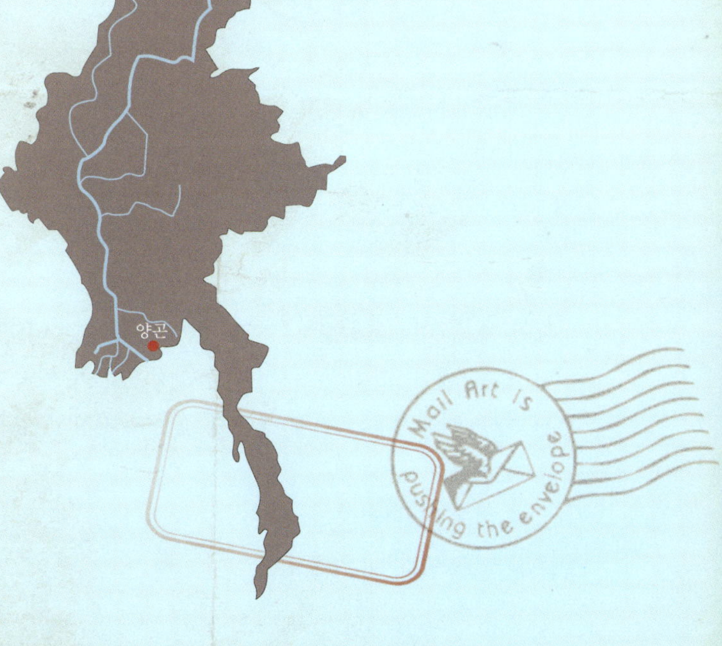

여행을 앞두고...

미얀마로의 여행을 앞두고 친구들과의 술자리가 많아진 나.
어느새 내 코는 딸기코가 되어 있었습니다.
'술주정뱅이 코가 이런 건가?' 하는 생각에 나도 모르게 웃음이 나와 휴
대폰으로 사진을 찍어 봅니다.

금요일 오후 여행계획보다 조금 일찍 조퇴하고 이비인후과를 찾아가니
의사선생님께서 코가 빨개진 것은 코에 염증이 생겨서 그런 것이라고 당
분간 술만 마시지 않으면 걱정할게 없다고 말씀하십니다.

참으로 걱정입니다.
여행과 술은 하나인데...

일단 이비인후과 치료를 무사히 마치고 공항 리무진 버스에 오릅니다.
전날에 과음으로 자리에 앉기 무섭게 곯아떨어졌는데 언제부터인지
버스에어컨이 고장 나 잠에서 깼습니다.

BMW BUS, METRO, WORK 인생 32년 버스 에어컨이 고장 나
찜통 버스를 타보긴 처음입니다. 하물며 공항 리무진 버스가 말이죠.

왠지 이번 미얀마 여행이 순탄치만은 않을 것 같다는 생각에
조금 불안해 집니다.

21시 20분
타이항공을 탔습니다.

21시 20분 타이항공에 탑승!
잠시 후 승무원이 어느 걸 마실 건지 물어봅니다.
저는 의사선생님 말씀이 떠올라 당분간 금주를 하려고 밀크를 시켰는데
이때 K발음이 약했는지 "비어"로 알아들은 승무원이 하이네켄으로 할 건
지, 타이비어로 할 건지 다시 물어 옵니다.

"타이비어 플리즈~"
타이비어를 마셔보고 싶다는 생각에 저도 모르게 타이비어를 시키고 말
았어요. 참고로 저는 3달 전에 미리 창가 측 표를 예매했기 때문에 저와
승무원 사이에는 두 명의 사람이 앉아 있었습니다. 그들이 저를 한 번씩
쳐다보더군요.
저는 그냥 씨~익 웃어줬습니다.

뭐 어떻습니까?
맥주나 우유나 마시는 건 마찬가지이니까요.

타이항공
인천 ⋯ 양곤 왕복 요금 847,000원

여행을 마치고
일상으로 돌아가는 발걸음과

일상을 박차고
여행을 시작하는 발걸음이 분주합니다.

동양인으로 보이는 단체 관광객만 보이면 "한국인 아냐?" 하는
마음으로 따라나서 보지만 어디든 중국인 천지예요.

18

미얀마에 도착하고 나서부터의 계획만 세웠지 방콕에서의 계획은
전무하다는 것을 방콕에 도착하고 나서야 알았습니다.
대기시간 7시간을 어찌 보내야 할까요.
중국인 단체 관광객을 따라다니기도 하고
공항에 주차된 차들도 구경합니다.

특이한 점은 택시 색깔이 아주 다양합니다.
얼핏 스포츠카를 세워 놓은 것 같은 착각까지 불러일으키네요.

사진에 보이지 않는 진실
유리벽 내부는 냉장고 유리벽 외부 주차장은 찜통, 모기떼

The sky of bangkok

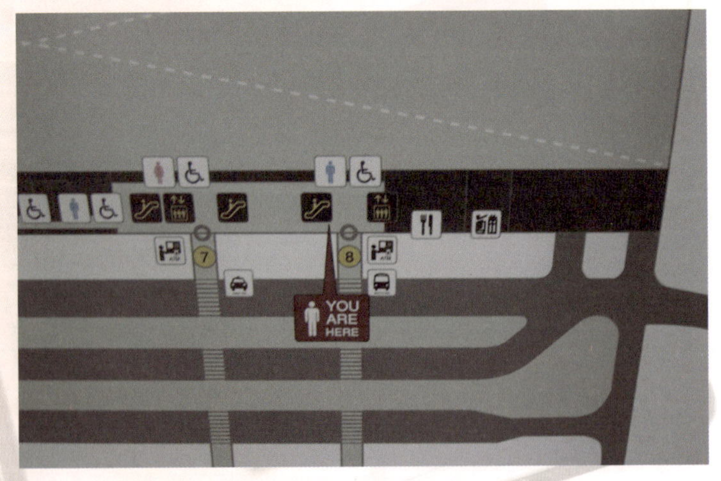

YOU
ARE
HERE

짧은 노숙을 마치고 배가 고파 옵니다. 식당을 찾아 들어가 혹시나 하는
마음에 달러로 지불해도 되는지 물어 봅니다. 여긴 공항이니까요.
돌아온 대답은 "NO"입니다.

신용카드로 지불이 되는지 물어 봅니다. 여긴 공항이니까요
돌아온 대답은 "NO"입니다.

그냥 양곤으로 향하는 비행기에서 아침을 줄 때까지 기다리기로 합니다.

짧은 노숙을 마치고
배가 고파 옵니다.

방콕에서 양곤으로 가는
TG항공 티켓에 게이트 번호가 없습니다.
이걸 누구한테 물어 봐야 하는 건가요?

최근에는 아시아나, 대한항공 모두 미얀마
직항이 생겼습니다.
친절한 서비스와 맛있는 기내식, 환승의 불편도 없지만
돈 없는 여행자에게는 여전히 국내 항공의 문턱은
높기만 합니다.

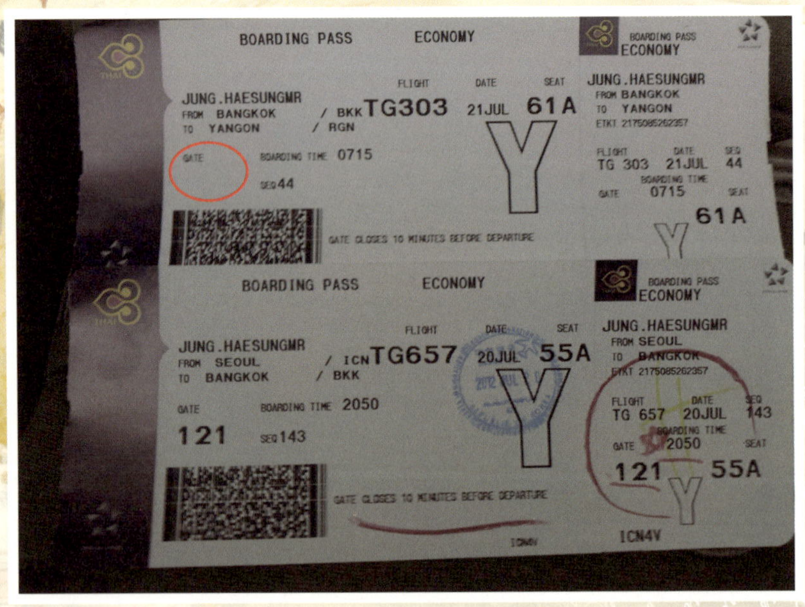

물어물어 게이트 번호를 확인하고 탄 양곤행 비행기
승무원이 음료수를 무엇으로 할지 물어봅니다.
저는 양곤 도착하자마자 다시 만달레이행 비행기를 타야 하기 때문에
정신을 바짝 차려야 합니다. 커피를 달라고 말했는데
커피를 코크로 알아들은 것일까요?
아니면 제 목소리가 작아서 입모양만 보고 대충 건내주는 걸까요?
승무원 아가씨가 콜라를 건내 줬어요.

저는 오늘도 창가에 앉아 있는데 말이죠. 괜찮습니다.
무언가에 제 자신을 맞추는 일에는 항상 익숙해 있으니까요.
콜라에 제 입맛을 맞추면 모든 문제는 해결됩니다.

콜라든 커피든 마시는 건 똑같으니까요.
긍정은 나의 힘!!

제 손목시계 10시에 양곤 도착을 했습니다.
11시 만달레이 비행기를 타야하는데 출입국 신고하기 위해 선 줄이
줄지를 않아요. 시간이 흐를수록 머릿속에선 이미 만달레이행 비행기를
놓칠 경우에 대비한 여행계획을 수립하고 있었습니다.

제 손목시계 10시 50분 출입국 사무소를 통과 합니다.
만달레이 티켓을 공항까지 픽업 해 주기로 한 IBBG여행사
직원이 제가 너무 늦어서 그냥 가버렸으면 어쩌나 했는데
다행이도 피켓을 들고 마중 나와 있었어요.

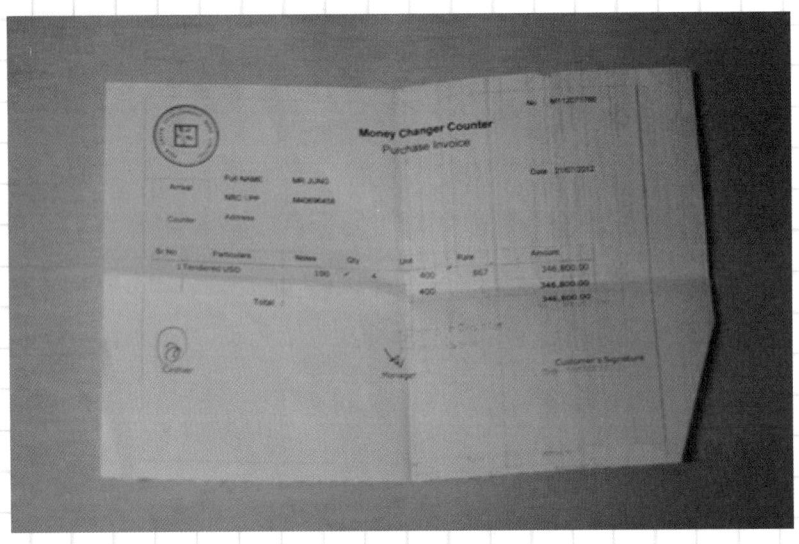

미얀마는 국내선과 국외선을 타는 곳이 따로 있다고 자신은 차를
공항입구까지 끌고 오겠다며 천천히 환전하고 밖으로 나오라 합니다.
런닝맨이라도 찍어야 할 것 같은데 이 사람 여유있어요.

IBBG 국내선 예약
양곤 ⸱⸱⸱▶ 만달레이 127,820원
수수료 5,000짯
티켓 운송비, 공항 안내비 5,000짯

@미얀마 국내선 공항

여행사 직원한테 만달레이 티켓을 건네받고 비행기 시간을 확인시켜 줄
때 제 손목시계가 남들보다 1시간 빠른 걸 눈치챘습니다.
한국과 태국은 두 시간, 태국과 양곤은 30분에 시간차가 있어서
보통 사람은 두 시간 반 차이가 나는구나! 할 텐데...
희한하게 저는 한 시간 반 차이가 나겠구나! 했습니다.

@미얀마 국내선 리무진 버스 내부

제 손목시계는 남들보다 1시간 빨리 맞춰져 있어서
혼자서 만달레이 비행기 놓치는 줄 알고 허둥지둥 했었던 거죠.

미얀마 국내선 공항에서는 시간이 되면 피켓을 들고 알려줍니다.
달랑 두 개 뿐인 게이트가 열리면 비행기 도착 했구나 생각하시면 돼요.
게이트 앞에는 버스들이 서 있는데 "만달레이?"라고 한마디만 하면 타야
할 버스를 가르쳐 줍니다.
미얀마 국내선은 같은 시간대에 헤호, 바간, 만달레이 노선이
겹쳐있는 경우가 있기 때문에 게이트 앞에서 버스를 타기 전에
반드시 확인하셔야 안전해요.

참 11시 비행기가 11시 30분은 되어서 뜬 것 같아요.
30분 정도는 미얀마 타임으로 해두죠. 뭐~

2,500년 전 부처가 다녀갔다는 만달레이
200년 전 지어진 1.2Km의 우베인 다리
200년 전 우베인 다리를 떠오른 태양은
훗날 내가 없는 세상에도 변치 않겠지.
어느 것 하나 내 것이 아닌 세상
인생이란 그저 잠시 머물다 가는 것

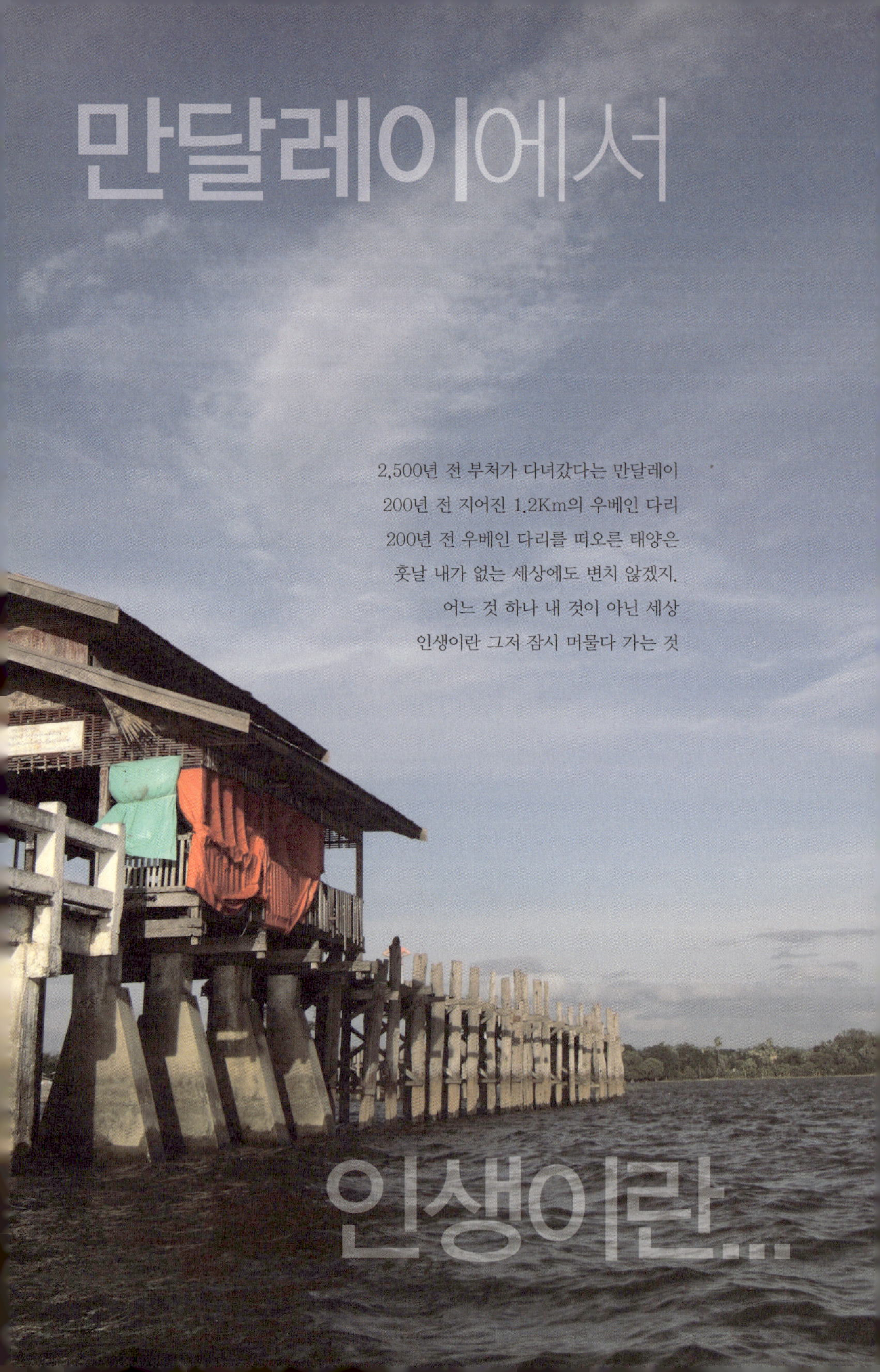

02

부처가 다녀갔다는

만달레이

myanmar

만달레이에 도착하고 공항에 들어서자마자 택시기사들이 호객행위를 합니다. 자신을 택시 매니저라고 소개한 젊은 친구와 로얄 게스트하우스까지 12,000짯에 합의를 보고 택시 승강장으로 이동했는데 운전은 다른 사람이 할 거라고 말해 줍니다.

영어를 잘하는 친구가 외국인을 상대로 요금을 거래하고 영어를 잘 못하는 기사에게 손님을 넘겨주는 듯 했어요. 한국과 비교하자면 손님과 택시를 연결해 주는 콜센터 직원 정도 되겠네요.

택시를 타고 이동하는 네네 서로 간단한 회화를 주고 받습니다.
어디서 왔는지, 이름은 무엇인지, 나이는 몇 살인지…….
서로 짧은 영어로 어설픈 대화가 이어지다 우베인다리를 물었는데 기사가 못 알아듣습니다. 미얀마 사람이 200년이나 된 나무다리 이름을 모를 리가 없을 텐데 미얀마에 처음 놀러온 이방인이 미얀마 현지인에게 우베인다리를 설명하기 시작했어요.
가까스로 알아들은 택시기사가 창밖을 가리키며 우베인다리를 알려주고도 20분은 더 달려 로얄 게스트하우스에 도착했습니다.
나중에 알게 된 사실인데 미얀마 현지인은 우베인브릿지를 '아마라 뿌라'라고 부릅니다.

미야비즈 회원이신 찬스님께서 로얄
게스트하우스에서 우베인다리까지
자전거를 타고 다녀오셨기에 가까운
지 알았는데 거리가 자전거로 다녀
오기엔 상당한 거리네요.

택시비 12,000짯

로얄 게스트하우스에 도착해 얼마냐고 물어보니
딱 한 개 밖에 없는 방이 공동화장실 사용하고 에어컨도 없는 골방인데
괜찮으냐고 오히려 제게 물어봅니다.
어차피 하루 자는 것 노숙이면 어떻고 골방이면 어떻습니까?
합리적인 가격 9불이면 만족합니다.

로얄 게스트하우스 9불

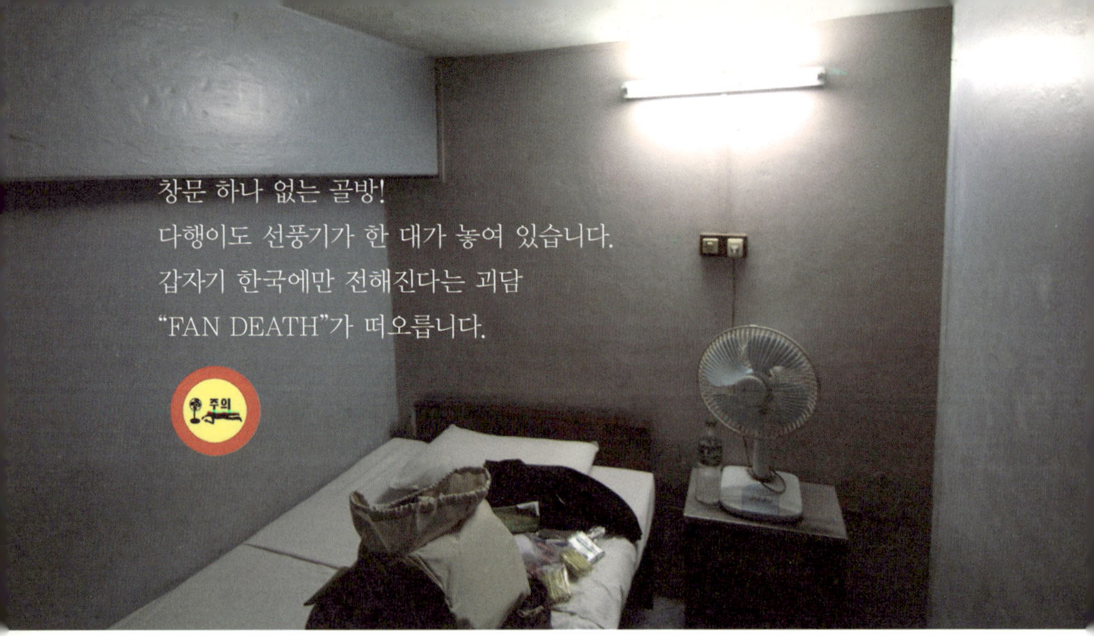

창문 하나 없는 골방!
다행이도 선풍기가 한 대가 놓여 있습니다.
갑자기 한국에만 전해진다는 괴담
"FAN DEATH"가 떠오릅니다.

게스트하우스 바로 앞에서 자전거를 대여하고 우베인브릿지를 물어보니
40분 정도 달라면 된다고 하시며 의미심장하게 웃으십니다.
여기서 말하는 40분은 전력질주 했을 때 걸리는 시간이겠죠. 택시로 20
분이 넘는 곳에 있었으니까요. 웃음의 의미를 알기에 저도 말없이 씨~익
웃어줬습니다.

자전거 대여료 1,500짯

"얍!"

기합을 넣고 우베인브릿지로 이동하려고 나서자마자 얼마 안가서
나일론 호텔이 보입니다.

순간 좋지 않은 머리에서 '만달레이 명물 나일론 아이스크림!!'을 떠올렸
어요. 날도 더운데 전력상황이 좋지 않은 미얀마에서 이 기회가 아니면
아이스크림을 먹을 수 없다는 생각에 나일론 호텔 주변을 몇 번이고 맴
돌았지만 아이스크림 가게는 찾을 수 없었습니다. 분명 호텔 앞에 있다
고 한 것 같은데 무슨 소화인지 제 눈에만 보이지 않는 것 같았어요.

결국 '나는 나일론 아이스크림과 인연이 없나보다' 하고 발길을 서둘러
우베인으로 향합니다.

자전거를 타고 얼마나 달렸을까요.
주린 배를 안고 미얀마에서 처음으로 로컬 식당을 찾아 들어갔습니다.
간판도 없는 이 가게 이름은 빠찐꼬 레스토랑~
오후 2시 누가 봐도 밥집으로 보이는 식당에서
카욱쉐를 주문했는데 식사 종류는 없다고 합니다.
빠찐꼬 레스토랑은 술집이였던 것이었습니다.

술집 주인이 영어를 좀 하는데 이곳에서 콩글리쉬와 밍글리쉬의
첫 만남이 이루어집니다.
밥을 대신할 만한 안주가 있는지 물어보는 중에
레스토랑 주인이 치킨이야기를 합니다.

"오케이 후라이드 치킨에 캔맥 하나~"

그런데 사진에서 보듯이 계란 후라이에 캔 맥주가 나왔어요.

거짓말 같은 소 이야기...

필리핀 소는 까맣고, 미얀마 소는 하얗고, 코리아 소는 노랗다!

배를 채우고 에너지가 넘칩니다.
실은 자전거를 오랜만에 타는 거라 재미나고 신이 났습니다.
미얀마에 와서 제 나이는 벌써 잊어버린 지 오래고 지금 이 순간만큼은
십대로 돌아온 양 뻥 뚫린 길에서 정신없이 달려 보기도 하고,
앞바퀴도 들어보고, 양팔 벌리고 영화 '비트'에 한 장면도 찍어봅니다.
삼천리 자전거로 말이죠.
뒷주머니에 넣어 두었던 여행 노트가 떨어지고 목에 매고 있던
쿨 스카프가 날아가 버려도 알아차리지 못할 만큼 자전거와 함께
집 나간 정신줄은 돌아올 줄 모르고 그렇게 한참을 달렸습니다.

점심 맥주 + 개란후라이 1,200짯
물 작은 거 150짯
물 큰 거 300짯
쿨 스카프 분실, 여행 노트 분실

갈림길에서 만나는 사람마다 '밍글라바'를 건네며 우베인다리를 물어보
는데 말을 건네는 사람마다 계속 전진을 하라고 합니다.
자전거를 탄 지 두 시간. 얼마나 더 가야 할까요?
힘든 얼굴로 말을 잊지 못하고 있는 제게 일본사람이냐고 물어오기에
한국사람이라고 대답하니 전진에서 갑자기 후진으로 말을 바꿉니다.
이때 알았습니다.
미얀마 사람들도 일본사람을 싫어 한다는 걸~!

우여곡절 끝에 찾은 우베인 다리에 도착하자마자 자전거를
유료 보관소?에 맞기고 다리를 천천히 걸어 봅니다.
다리 끝 편에는 과일과 물을 파는 예쁜 아가씨가 있는데
제게 보트 투어를 6,000짯에 제안해 옵니다.
한국에 있을 때 보트비가 얼마정도 하는지 알아보지 않았기 때문에
솔직히 비싼 것인지, 싼 것인지 알 길이 없었어요.

상점 아가씨는 비수기에 찾아온 외국 손님을 그냥 보낼 수 없다는
생각으로 어떻게든 제 마음을 움직이려 계속해서 말을 건네는데
저는 '금액을 흥정해 볼까?' 생각하다 이내 관둡니다.
자전거를 타고 오느라 너무 힘들어 말씨름 할 힘도 남아있지 않을
뿐더러 제 능력으론 이쁜 아가씨한테 보트비를 깎을 자신이 없기에
그냥 서서 기다리기로 합니다.

상대의 조급함을 알아차린 저로서는 기다리는 것만으로도
금액이 내려 올 것이란 것을 잘 알고 있으니까요.

실제로 10분이 지나고 가격은 4,000짯 까지 내려와 있었습니다.

"우리도 미얀마에 놀러왔어요~"

보트를 타기 시작하자마자 사람들이 여기저기 손 흔들어 주고
저를 반겨줍니다.

태국 아가씨들이 저 멀리서 배를 타고 다가와 저와 같이
사진을 찍고 싶다고 할 때 까지만 해도 제가 잘 생겨서?
그런 줄 알았는데 한국에 돌아와 사진을 보고 많은 생각에 잠겼습니다.

그리고 한참 후에 저 자리에 있던 사람들이 저를 보고 즐거워했고
이방인의 바보스러움이 좋은 기억으로 남았다면
그것도 나쁘지 않다는 결론을 내려 봅니다.

오후 4시 반부터 6시까지 보트를 탔어요. 7시까지 타기로 했었는데
날씨 때문에 어차피 썬 셋을 보지 못할 것 같아서 어두워지기 전에
돌아가려고요.

자두 400짯
자전거 보관료 500짯
물 큰 거 300짯
보트비 4,000짯
보트팁 1,000짯

우베인에서 돌아오는 길은 칠흑같이 어둡고
손전등 없이는 한치 앞도 안 보입니다.
낮에는 한가롭게만 보이던 도로는 자동차와 오토바이 등으로
무법천지가 되어 있었어요.

우베인에서 6시 출발해 길을 잊어 버려
물어물어 숙소에 돌아온 시간은 오후 8시 반이 넘었습니다.
허리가 끊어 질 것 같고 다리는 후들거리고
엉덩이가 두 쪽으로 쪼개질 것 같이 아픈데도 배가고프니 숙소에 짐만
내려두고 발길이 닿는 식당으로 들어가 메뉴판을 달라고 조릅니다.

메뉴판을 들어보니 전부 아이스크림만 있는 거예요.
"밥 달라고 밥!"

근데 밥이 없답니다. 밖에서 보면 누가 봐도 밥집인데 밥이 없다니
"뭐지 이건? 혹시 나일론 아이스크림?"

여행은 이상하게 꼬여만 갔습니다. 일단 아이스크림 두 개를
씹어 먹고 사장님한테 밥집을 물어 봅니다.
"배고프다고 난!"

나일론 아이스크림 두 개 1,000짯

사장님이 종업원을 시켜 안내해준 Mann Restaurant
후라이 누들과 후라이 라이스를 주문했어요.
일행이 있냐고 묻기에 저 혼자 다 먹을 거라고 했는데
양을 많이 준다고 하나만 주문하라고 합니다.
난 원래 밥을 많이 먹는다고 두 개 달라고 말해도
종업원은 하나만 주문하랍니다.

손님이 두 개 먹겠다는데 한 개만 시키라는 종업원과
짧은 실랑이를 벌이고 주문한 후라이 라이스!
특별히 신경을 써준 듯 정말 많이 줬는데
밥을 앞에 놓고 사진을 찍을 여유 따윈 제게 없었습니다.
빈 그릇만 찍었네요.

후라이 라이스 치킨 1,500짯

마치 철인 3종 경기에 임하는 듯한 스케줄을 소화하고 있습니다.
목요일 저녁 친구들과 술 푸고! 금요일 저녁 방콕에서 노숙! 토요일 5시간
자전거 라이딩을 마치고 슬로우보트를 타기 위해 새벽 4시에 일어났어요.
제티에 도착해 슬로우보트 출발시간을 확인하니 계절별로 시간변동이 있
는 듯 한국에서 조사해온 오전 5시 보다 한 시간 늦게 출발했습니다.

날씨 때문에 썬업은 여기서도 볼 수 없었지만 괜찮습니다.
우기에 썬업 썬셋은 기대도 하지 않았으니까요.

한국에서 새벽 4시에 일어나는 건 생각하기도 싫은 일이지만
미얀마에선 2시간 30분 시간차가 있어서 어렵지 않아요.

게스트하우스에서 슬로우보트 제티까지 택시비 5,000짯

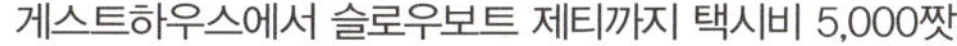

미얀마에서 한국 사람은 굉장히 부지런한 사람으로 평가 받고 있습니다.
그 첫 번째 이유는 짧은 여름휴가!
여름휴가가 짧다보니 힐링을 위한 여행을 하기보단 관광을 하기 위해
새벽 같이 일어나 밤늦게까지 부지런을 떠는 사람들이 많기 때문이고
두 번째 이유는 두 시간 반의 시간차!
한국에선 새벽 한, 두시도 늦은 시간이 아니니 밤새도록 노는데 익숙해
져 있는데다 매일 아침 출근을 하기 위해 7시에 일어났다면 이곳에서는
4시 30분이면 자동으로 눈이 떠지기 때문입니다.
마지막으로 세 번째 이유는 수면시간!
한국 성인 평균 수면시간은 6시간 15분으로 OECD 국가 중 가장 짧습
니다. 다른 나라 사람들에겐 부지런해 보일지 모르지만
실상은 참으로 살기 힘든 대한민국이 아닐런지…….

슬로우보트를 타고 처음 들른 마을이예요.
새벽같이 슬로우보트를 이용하는 사람들에게 아침밥을 팔기위해
마을 사람들이 다양한 음식을 머리에 이고 배에 오를 준비를 합니다.
저 또한 아침밥을 고르던 중 옥수수를 들고 있는 유난히도 마른
마치 병에 걸린 것처럼 마른 아가씨가 눈에 들어옵니다.

배가 도착하면 힘 있는 사람부터 배에 올라탑니다.
많은 사람들이 제 앞을 지나고 제 앞에 음식을 내놓지만
제가 먹고 싶은 옥수수는 아직 이에요. 혹시나 내 앞까지 못 오는 것은
아닌가 하고 있을 때 쯤 멀리서 저와 눈이 마주칩니다.

"옥수수 세 개에 2,000짯이에요."

제게 가격을 말하는 목소리는 떨리고 있었어요. 저는 아침을 먹지는
않았지만 옥수수를 세 개 씩이나 사서 다 먹을 수 있을까? 혹시나 남겨
서 버리게 되는 건 아닐까? 하는 생각에 옥수수를 만지작거리고 있는데
비싸다고 사지 않겠다고 말하면 어떡하나 하는 아가씨의 초조한 표정이
눈에 들어옵니다.

"옥수수 한 개에 1,000짯 합시다."

순간! 옥수수를 파는 아가씨 눈이 커다래졌어요.
아마도 미얀마에서 옥수수를 한 개에 1,000짯 주고 사 먹은 사람은
제가 처음이 아닐까 생각해 봅니다.

옥수수 한 개 1,000짯

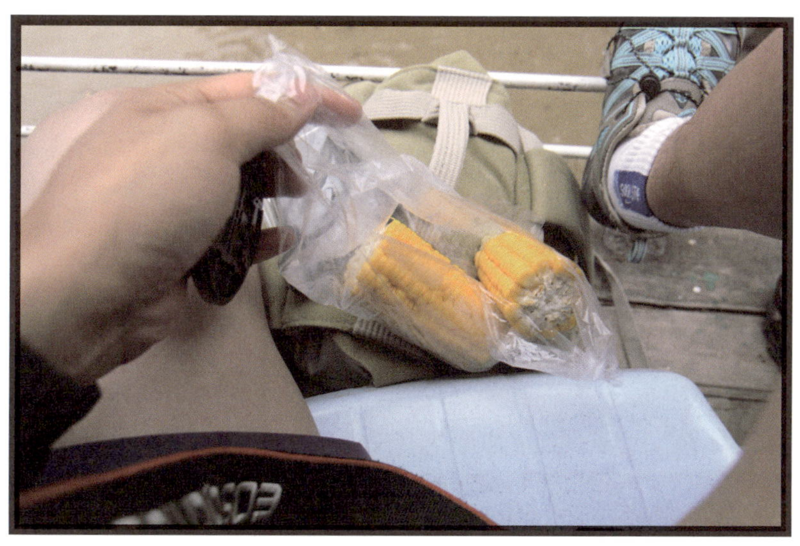

두 번째로 들른 마을!

배를 타기 위해 기다리는 아가씨들 모습이 제일 먼저 눈에 띄네요.
여행을 시작한 지 이틀 밖에 안 돼서 그런지
미얀마 현지인에게 쉽게 다가가지 못하고 있어요.
미얀마 여행을 하고자 결심했던 많은 이유 중에
소중한 하나를 놓치고 있는 것만 같은데
마음만 있을 뿐 용기가 나질 않습니다.

짐을 싫어 나르기 위한 소달구지 택시가 영업을 개시합니다.

필리핀에서는 코코넛 과육을 조그만 봉지에 담아 빨대를 꽂아 팔았는데
미얀마에선 코코넛 껍질을 봉지에 담아 팔고 있었습니다.
누가 봐도 코코넛 껍질인데 '설마 코코넛 껍질은 아닐 거야! 내가 못 먹어본
과일이겠지' 하는 마음으로 사 먹어 봅니다.

코코넛 껍질 1,000짯

슬로우 보트 이층 한쪽에서 조그마한 레스토랑을 운영하는 아줌마와 아저씨. 사진 찍는 걸 유난히 쑥스러워 하는 아줌마와 마시던 맥주도 멈추고 표정관리에 들어가신 아저씨. 그들이 있어 혼자라고 느꼈던 짧은 외로움이 사라집니다.

점심 메뉴는 후라이 누들과 계란 후라이 그리고 미얀마 비어 한 병!
참! 미얀마 비어 병뚜껑 밑에는 로또가 숨겨져 있다고 합니다.
200짯, 500짯, 1,000짯, 한 병 더, 꽝 이렇게 5가지로 근데 현지인이 가르쳐 주지 않으면 여행자는 알 길이 없습니다.
병뚜껑 밑바닥을 후벼 파지 않으면 보이지 않으니까요.

후라이 누들 1,500짯
미얀마 비어 2,500짯
계란 후라이 500짯

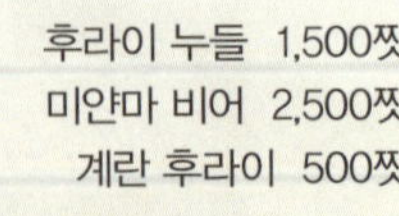

배도 부르겠다, 전 날에 피로가 밀려와 잠시 눈을 붙인다는 것이 바간에
도착해서 사람들이 일어나라고 깨우는 소리에 눈을 떴습니다.

중국 태산에는 사람의 눈길이 닿는 곳이라면 어디든 글이 쓰여 있었는데
미얀마는 사람의 눈길이 닿는 곳이라면 어디든 불탑이 세워져 있는 것
같아요.

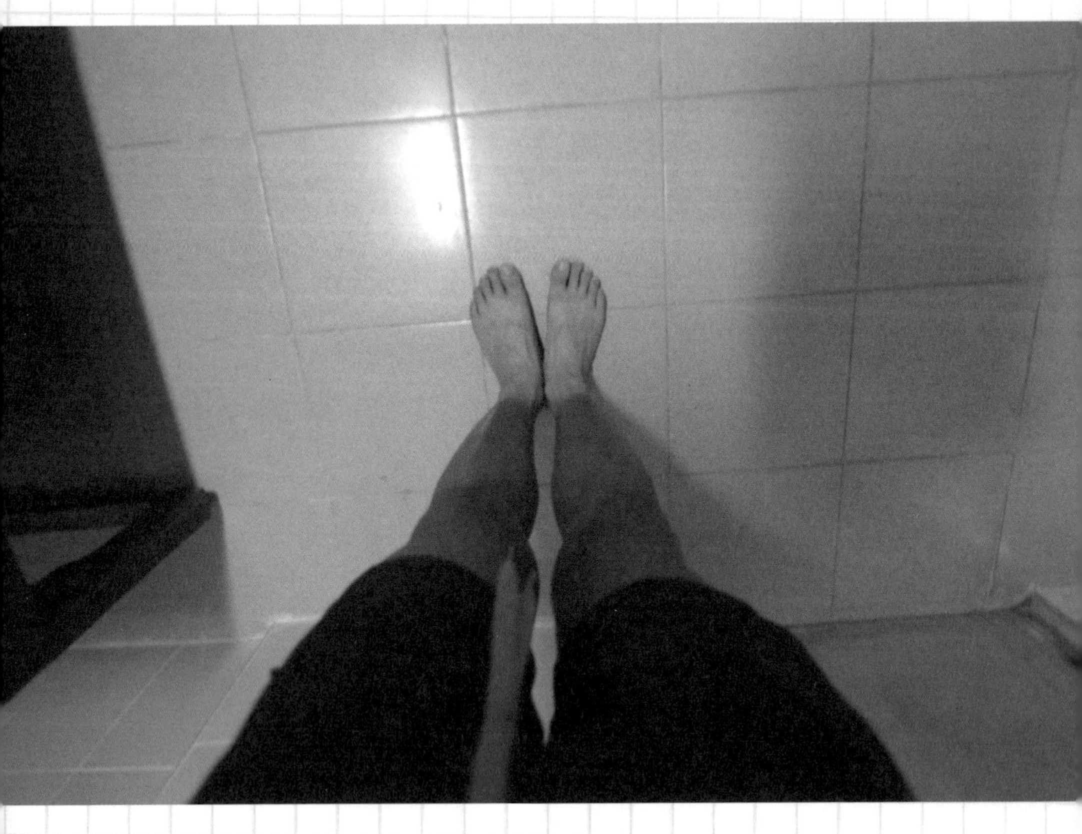

제 다리는 섹시 새까맣고, 시꺼멓고 해져 있었습니다.
낮잠을 자는 사이 다리만 햇빛에 노출되어 있었지요. 한국에 돌아와 한
동안 허물을 벗어야만 했습니다.

바간에 도착하면 짙은 어둠과 함께 많은 호스카와 오토바이 드라이버가 마중을 나와 있습니다.

호스카를 타고 얼마냐고 물어보니 1,500짯을 부릅니다.

2010년도 가격이 500짯이었다는 걸 알기에 평소 같으면 두말없이 호스카를 갈아타겠지만 낯선 곳의 어둠은 빨리 그곳을 벗어나고 싶다는 생각을 부추깁니다.

호스카를 타고 본격적으로 출발하려는 찰나 이렇게 생긴 곳에 내려주고 입장료를 내라고 하는데 여기서 입장료를 내는 것으로 바간에 모든 사원은 출입시 입장료를 받지 않아요.

캄보디아 앙코르와트, 인도네시아 보로부두르와 더불어 세계 3대 불교 성지로 불리는 미얀마의 바간을 무제한 구경하는데 10불은 저렴하다는 생각이 들 정도입니다.

제 여행에 호텔예약 같은 건 없습니다. 지금 이곳은 비수기이니까요.

뉴헤븐 호텔, 잉와 게스트하우스 모두 풀입니다.
"모야 비수기에~"
그로부터 두 군대 정도 더 들른 후 도착한 PAINSA RUPA 게스트하우스.
넓고 깨끗한 화장실 이틀, 20불에 합의하고 머물기로 합니다.

바로 옆집에 여행객을 상대하는 식당이 있어서 밥을 사 먹었는데
너무 맛있습니다.
미얀마 밥집에서 팁을 주기는 이곳이 처음이자 마지막입니다.
참! 필리핀과 같은 의무적인 팁 문화는 없었어요.

두 곳 더 들렀다고 호스카 3,000짯
처음으로 깎았어요. 4,500짯 달라터군요.

바간에서
미얀마 사람들

미얀마인으로 살아간다는 것은

불교신자로 살아간다는 것!

수세기에 걸친 침략과 커다란 자연재해에도

이들의 불심은 더욱더 깊어져만 갔으니

이들이야 말로 보살이요. 부처가 아닐까?

바간의 불탑 건설은 수백 년 동안

세대와 세대를 이어져

지금도 현재진행형이다.

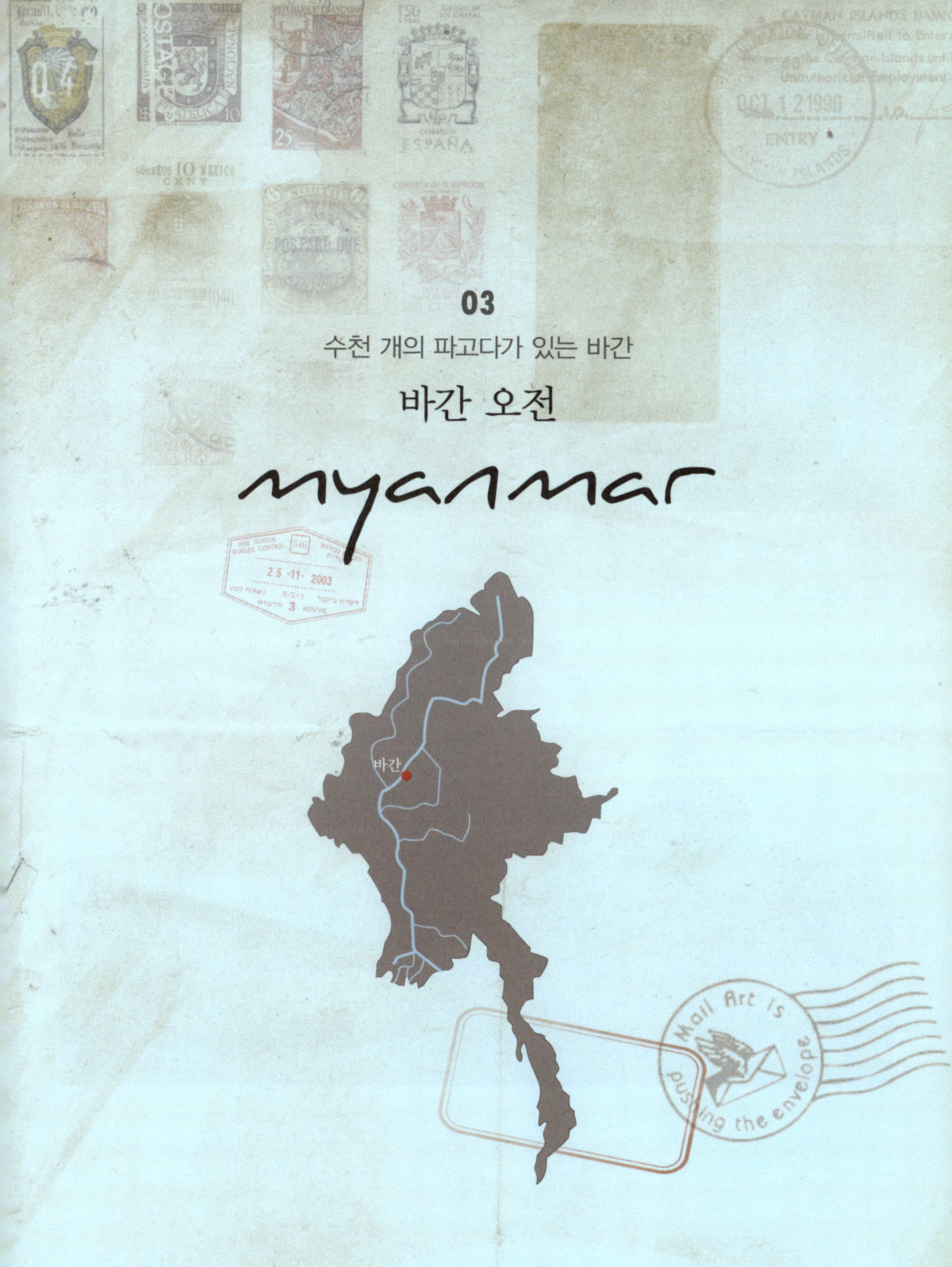

03

수천 개의 파고다가 있는 바간

바간 오전

myanmar

보통의 호스카 투어는 오전 9시에 만나서 일몰까지라면, 해돋이를 포함한 호스카 투어는 오전 4시 30분에 만나서 6시까지 썬업을 보고 숙소에 돌아와 아침을 먹고 다시 9시부터 정식 투어를 시작합니다.

오전 4시 30분!
하늘에 구름이 잔뜩 끼었는데 해돋이를 보여 주겠다고 호스카에 올라타랍니다. 이런 날씨에 해돋이를 볼 수 없다는 건 초등학생도 알 텐데 말이죠.
'4시 반에 왔으니 순순히 5,000짯을 내 놓으라는 속셈이군!'

약속은 약속입니다. 날씨가 안 좋거나 비가 오면 새벽같이 오지 말라는 코멘트를 달지 않았으니까요. 마부의 속셈을 알면서도 뱉은 말에 책임을 지기위해 순순히 호스카에 올라 줍니다.

'넌 해돋이 보여준다는 말에 내가 속아 넘어간 줄 알겠지?'

봉 잡은 미얀마 마부의 콧노래는 하루 종일 끊이지 않습니다.
'알면서도 속아주는 제가 바본지 속고 있는 줄만 아는 쟤가 바본지~♫'

아침을 먹기 위해 찾은 미얀마 로컬 식당입니다. 소박하게 생긴 아저씨가
운영하는 식당인데 식탁의자가 상당히 낮습니다. 꼭 목욕탕에서 때 밀
때 사용하는 의자 정도되는 높이였습니다.
제가 아침으로 주문한 모힝가는 우리나라 청국장에 소면을 풀어놓은 것
같은 비주얼을 가지고 있는데 맛은 상당히 구수하고 담백합니다. 알고
보니 불교 국가답게 생선 육수로 맛을 낸다고 하네요.

식당 출입구에는 영어로 인스턴트 커피라고 써 붙여 놨습니다.
인스턴트라는 말이 우리나라에서는 조금 좋지 않은 인식의 단어라고 생각하는지 많이들 사용하지 않는데 이곳에서는 인스턴트라는 말이 상당히 당연하고 자연스러운 듯 보였습니다.
가져다주신 커피잔에 커피 믹스 알갱이가 둥둥 떠 있는데 순간 웃음이 나옵니다.

본격적으로 호스카 투어를 시작 하기 전에 어디를 보고 싶은지 마부가 물어보기에 쉐지곤, 쉐산도, 아난다, 부파야 파고다를 꼭 보고 싶고 나머지는 알아서 잘 부탁한다고 말해 둡니다.

제일 먼저 들른 파고다는 부처님의 머리뼈와 앞니의 사리가 모셔져 있다는 쉐지곤 파고다입니다.

바간의 많은 유적들 중 제1호로 지정되어 있을 만큼 유명한 파고다 이지
만 파고다에 입장할 때 까지만 해도 별다른 지식이 없었기에 사원 곳곳
을 누비고 돌아다니지 못한 아쉬움이 남는 곳입니다.

한국 사람은 남을 의식하는데 익숙하고 팁 문화가 없기 때문에 어린아이
세뱃돈을 줄 때에도 천원짜리를 꺼내기 보단 만원짜리를 많이 꺼내지요.
사원에서 처음 만난 동자승들이 제게 사진 모델이 되어주고 도네이션을
부탁하는데 얼마를 기부해야 할지 살짝 고민에 빠졌었습니다.

동자승 두 명 도네이션 2,000짯

미얀마 방문 3일째 되는 날. 아직까지 미얀마에 적응하지 못한 채
혼자만의 여행을 하고 있습니다.
좋게 말하면 아웃사이더 나쁘게 말하면 왕따! 정도 되겠네요.

혼자 파고다를 구경하고 나오는데 입구에서 장사하던 아주머니 둘이 제 팔을 잡고 제게 호객행위를 합니다. 미얀마에서 처음으로 겪는 호객행위에 당황하다가 미얀마에서 한번쯤 바가지? 쓰는 것도 나쁘지 않겠다는 생각에 첫 번째 아주머니의 노점으로 따라 갑니다.

"그래 바가지 한번 써 줄 테니 야무지게 씌워봐라~"
하는 마음으로 따라 나섭니다.
아무리 둘러봐도 제가 쓸 만 한 건 없습니다.

남녀노소 가리지 않고 줄 수 있는 가장 무난한 선물을 고른 것이 바로 사진 속에 팔찌입니다. 팔지를 고른 것은 여성분께는 그냥 선물하면 되고 남성분들은 사모님 가져다 드리라고 선물을 하면 될 것 같았어요.

"벨라울래 얼마예요? ?"
팔찌 1개에 7,000짯 이라고 말해 옵니다.
칠공예로 유명한 나라가 중국과 한국 그리고 미얀마로 알고 있었지만 비싸도 너무 비싼 것 같아서 비싸다고 말하니까 가격을 부른 본인들도 민망한지 웃음을 참지 못합니다.

그러더니 저보고 얼마를 내고 살 건지 거꾸로 물어 봅니다.
서로 가격을 먼저 말하라는 실랑이를 한 끝에 제가 딱 반 잘라 3,500짯을 불렀어요.

그랬더니 아주머니가 안 된다고 4,000짱은 받아야 한다고 남는 게 없다
고 제 팔을 잡고 놓아줄 생각을 안 합니다. 아무래도 "남는게 없다"라는
장사꾼들의 거짓말은 세계 공통인가 봅니다.
'한국에서도 5,000원이면 사겠다!'라는 말이 목까지 차올랐지만
한국인의 예의바른 이미지를 제가 실추시킬까봐
'그래! 빨리 사고 다음 파고다를 구경 가자!'는 마음으로
4,000짱에 합의를 보고 일어서는데…….
같이 있던 아주머니가 자신의 노점에서도 물건을 하나 사 달라고
저를 잡아끕니다.

똑같은 팔찌를 잡고 얼마냐고 물어보니 4,000짱을 달랍니다.
"2,000짱 아니면 안 사!" 하고 단호하게 일어서는데 팔겠다고 팔지를 건
내 줍니다.

그러자 다른 노점에 있던 아주머니가 제빨리 뛰어와 자신의 물건도 사
달라고 조르기 시작합니다.

또 똑같은 팔찌를 잡고 얼마냐고 물어보니 자신은 2,000짱을 달랍니다.
"1,000짱 아니면 안 사!" 하고 단호하게 일어서는데
팔겠다고 팔찌를 건내 줍니다. 그것도 너무 쉽게
'도대체 이 팔찌 원가가 얼마야?'

물 타기는 좋지 않다는 것을 알지만
저도 모르게 본능적으로 물 타기를 하고 있었어요.
세 번째 노점에서 2,000짱에 팔찌를 두 개 구매합니다.

팔찌 4개 8,000짱
미얀마에서 바가지는 이제 그만!

그다지 쓸모 없는 팔찌를 4개나 구매하고서야 도착한 이곳은 "우산의 뜻 대로"란 의미를 가진 틸로밍로 파고다!
왕위 계승자를 지목하는 방법으로 우산을 던져 그 끝이 향하는 사람을 왕으로 선정했다고 하는데 이때 왕으로 선정된 난타웅마 왕이 아버지에 게 감사하고 이 일을 기념하기 위해 우산을 던진 이 자리에 틸로밍로 사 원을 건설하였답니다.

여기서 참 많은 사람들을 만났습니다. 좀 전에 쉐지곤 파고다에서 현지 인들과 말하는 법 ? 을 제대로 배운 것이지요. 수업료로 지불한 8,000짯 이 여기서부터 빛을 발하기 시작합니다.

미얀마 사람들과 어설프게 대화하면서 알게 된 점은 미얀마에서는 한국 드라마를 방영할 때 미얀마어로 자막만 넣어서 한국어로 그냥 방영을 하기 때문에 대부분의 사람들이 한국어에 굉장히 익숙했다는 것입니다. 아쉬운 점은 제가 드라마 자체를 보지 않아서 미얀마 친구들이 오히려 제게 한국 드라마와 드라마 속 주인공을 설명하는 재밌는 상황이 자주 연출 되었습니다.

그나마 주말에 어쩌다가 부모님 집에 갔을 때 재방송으로 몇 번 보았던 꽃보다 남자의 구준표와 금잔디! 드라마는 보지 못했지만 이름만 알고 있던 가을 동화에 준서, 은서 그리고 100명도 안 되는 인원으로 남다른 전투신을 찍고도 시청률 50%를 기록한 대작 주몽!! 등이 제가 말 할 수 있는 한국드라마의 전부였지만 그것만으로도 미얀마 사람들과 친해지는 것에는 부족함이 없었습니다.

friend

세 번째로 들른 곳은 WALL PAINTINGS입니다.
사원 안에는 돈을 받는 사람이 있는데 저에게 사진을 찍으려면 금액은 상관없으니 도네이션을 해야 한다기에 500짯을 기부하고 찍은 사진입니다.

기회는 단 한번 뿐!

도네이션 500짯

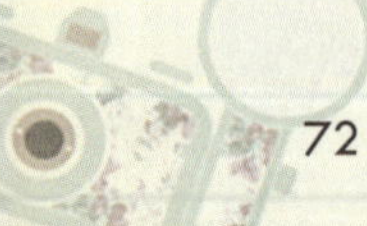

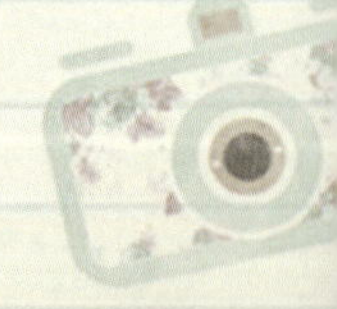

@wall paintings

여성용 화장품을 담을 수 있는 조그만 칠기 공예품을 팔고 있던 소녀인데 저는 물건을 사 주지 못했습니다.

"난 이미 쉐지곤에서 바가지를 썼기 때문에 네 물건은 사 줄 수가 없어. 미안해"

물건을 사 줄 수 없어서 사진을 찍어주겠다고 카메라를 들었는데 소녀의 웃는 모습이 너무 환해서 그런지 그냥 언어 표현으로만 미안한 것이 아니라 진심으로 미안하다는 생각이 들었습니다.

미얀마의 한국 드라마 사랑

미얀마의 통신 시설은 정부의 통제하에 있으며 미얀마의 지상파 방송사는 정부가 운영하는MRTV와 군부가 운영하는 MWD 그리고 민관합작으로 운영하는 유료방송인 5Movie(TV5)가 있습니다만 실제로는 MRTV가 방송 시장을 독점 하다시피합니다. MRTV는 주당 10편 정도의 드라마를 방영하는데 그 중 9편이 한국드라마입니다. 드라마는 보통 황금시간대 방영하는데 방송을 보고 있으면 한국방송을 보는 듯 한 착각을 불러일으키기도 합니다. 미얀마가 한국 드라마에 빠진 이유를 크게 세 가지로 생각해 보면,

첫째는 미얀마 사람들의 40% 이상이 한민족과 같은 몽골리언이며 중국계도 많아 외모와 정서가 한국인과 비슷하고 불교문화에 익숙한 데 있습니다. 어른 앞에서는 허리를 구부리고 지나갈 만큼 미얀마 사람들은 윗사람을 공경하고 가족 중시, 장유유서 등 한국과 정서적으로 유사한 부분이 많은 것 또한 이유가 되겠지요.

둘째는 중국 드라마는 스토리, 방송기술 모든 면에서 부족하고 일본드라마는 항상 다양한 소재의 작품이 줄을 서다보니 대부분 단편으로 제작되어 내용전개에 힘쓰느라 사랑이야기가 어설픈 반면 한국드라마는 누구나 공감할 수 있는 사랑이야기가 있고 장편으로 이어지다보니 스토리도 탄탄하지요. 그리고 무엇보다 한국 배우의 연기력과 외모가 으뜸입니다.

셋째는 미얀마의 방송사들은 방송을 하기 위해서 작품 제작 및 작품 수입비용 그리고 정부에 비싼 방송요금도 지불해야 하는 구조이지만 수입은 오로지 광고에만 의지해야 하기 때문에 미얀마의 방송사들은 시청률을 확보할 수 있는 한국 드라마가 아니고서는 방법이 없다고 합니다.

최초로 미얀마에 수출된 가을 동화의 경이적인 시청률 60%를 시작으로 주몽의 시청률은 90%이상이라는 전무후무한 기록을 세워 버렸습니다.
TV를 볼 수 있는 여건의 미얀마 국민 전체가 한국 드라마를 시청한다고 해도 과언이 아닐 정도이니 제대로 된 한류열기를 느끼고 싶으신 분은 미얀마 여행을 추천해 드립니다.

동남아시아 불교 사원 건축의 가장 훌륭한 예 중 하나로 꼽히는 아난다 사원입니다.

미얀마 사원을 입장 할 때는 지위고하를 막론하고 맨발이어야 합니다.

사원에 입장하는 복장은 전통 복장인 론지를 입거나 긴바지를 입어야 하며 짧은 치마나 반바지 또한 금기 사항입니다.

건기에 미얀마 여행을 계획했다면 발바닥이 무척이나 뜨거웠을 텐데 우기에는 발바닥에 느껴지는 온기마저 여행의 일부분으로 기분 좋게 다가옵니다.

파고다 내부에는 커다란 목조도금 불상인 본존 4불이 서 있는데 북쪽과 남쪽 부처상은 1091년 지어진 것이고 동쪽과 서쪽의 부처상은 화재로 손상된 것을 복원한 것이라고 합니다.

파고다 내부에는 본존 4불을 중심으로 동서남북으로 도는 3개의 길이 있는데 가장 안쪽은 왕이 다녔고 중간은 귀족들이, 가장 바깥쪽 길은 서민들이 다녔다고 합니다.

신기한 것은 가장 바깥쪽 길에서 부처상을 보면 온화한 미소를 짓고 있는 모습이지만 왕이 다녔던 곳에서 부처상을 바라보면 엄한 표정을 짓고 있습니다.

1975년 바간 대지진으로 외형에 심각한 손상을 입었다고 하는데 지금은 복원작업을 마친 상태입니다.

바간의 사원을 둘러보다 보면 사원을 복원하거나 새로이 짓는 모습을 보게 됩니다. 중노동이라고 생각되는 벽돌이나 자갈을 나르는 일에 어린 여자애가 일하고 있는 모습을 처음 마주할 땐 놀라움과 안타까움이 교차해서 사진을 찍어야 한다는 생각조차 하지 못했습니다. 익숙해지려고 노력을 해도 익숙해지지 않는, 머릿속에서 지우려 해도 지워지지 않는, 가슴속 응어리 같은 모습이었습니다.

아름다운 사원의 저편에는 제가 알지 못하는 아픈 역사가 숨쉬고 있으리라 생각하니 아름답게만 보이던 사원이 한순간 슬프게 다가옵니다.

아난다 사원을 한 바퀴 돌고 나오니 배가 고파 옵니다.
제 가방을 지켜 주겠다던 마부는 그늘에 마차를 대고 달콤한 낮잠을 자
고 있는데 그 모습이 너무 평온해 보여서 잠시 그대로 지켜봅니다.

그리고 담엔 카메라 렌즈를 위해 저 가방에서 무엇을 줄여야 하나 잠시
생각해 봅니다. 저 가방엔 분명히 필요없는 무언가가 있을 텐데요.
좀 전에 사원 안에서 부처님 표정이 엄하게 보이기에 속으로
'부처님 전 돈도 없고 빽도 없으니 온화하게 바라봐 주세요~'라고 기도드
렸는데 지금 이 순간 버려야 할 것을 아무리 생각해도 생각이 안 나는걸
보니, 제가 욕심이 많은 인간이라 저를 꾸짖기 위해 그렇게 엄한 눈길로
바라봐 주셨나 봅니다.

도네이션 50짯
아무도 안 볼 때 언능 통에 넣음.

바간에서 제일 높은 타비뉴 사원이 보이는데 불탑을 보호하기 위해 사람
이 탑 위에 올라가는 것을 금하고 있어 지금은 쉐산도 파고다가 바간의
전망대가 되었습니다.

개인적으로 제게 가장 아름다운 하늘을 보여준 쉐산도 파고다입니다.
바간의 전망대답게 시원한 전경을 한 눈에 바라볼 수 있어요.
일출과 일몰 때가 되면 바간의 관광객이 너도나도 할 것 없이 모여드는
곳이기도 합니다.
파고다 내부에는 부처님 머리카락과 30m나 되는 와불이 모셔져 있다고
하는데 안타깝게도 저는 들어가 보지 못했네요.

'황금빛 불발'이라는 뜻의 쉐산도 파고다는 1057년 아노여타왕이 타톤
왕국을 정복하고 전리품으로 가져온 부처님의 머리카락을 봉인하기 위해
세운 파고다입니다.

쉐산도 파고다에 오르다 보면 탑의 가장자리에 자그마한 부처상들이 자리 잡고 있는데 갑자기 제 눈길을 사로잡은 것이 있었습니다.

'목이 날아간 부처상!'

지금까지 미얀마 여행기를 수시로 봐왔지만 이런 건 본적이 없어서 순간 당황했습니다. 그리고 막 화가 나기 시작했어요. 누군지는 몰라도 남의 나라 문화유산을 이런 식으로 훼손을 하다니요. 관광객인 제가 이렇게 화가 치밀어 오르는데 미얀마 사람들이야 오죽하겠습니까?

근대 시대에 들어 미얀마를 점령한 나라는 영국과 일본으로 알고 있는데 저것을 본 순간 제 머릿속엔 '일본'이란 단어가 떠올랐습니다.

1975년 바간 대지진으로 훼손된 것 일 수도 있고 일본이 아닌 다른 국적의 사람이 그랬을 수도 있지만 과거의 만행을 저지르고도 뻔뻔한 일본이기에 괜히 주는 것 없이 얄미운 일본입니다.

골든 미얀마로 밥을 먹으러 가는 길이에요.
점심으로 무엇을 먹고 싶은지 말하라고 하기에 저는 저렴한 로컬 식당을
가자고 말했는데 마부가 골든 미얀마라는 레스토랑을 추천해 줘서 가격
도 모른 채 골든 미얀마로 내달리기 시작합니다.

이 친구는 저와 동갑이고 한 살 많은 와이프와 단 둘이 살고 있는데
아직 아이는 없다고 합니다.
딱 봐도 비싸 보이는 골든 미얀마에 도착해서 주문을 하려는데
저 보고 밥을 천천히 먹고 나오라고 말하며 자리에서 일어섭니다.

"야! 밥 안 먹고 어디가?"

자신은 말밥도 줘야 하고, 말밥도 줘야 하고, 말밥도 줘야한다고 혼자 먹
으래요.
"말은 한 마리인데 밥은 세 번이나 줘야 하는 거야?"

말에게 밥을 주는 일이 특별히 오래 걸릴 것 같지도 않은데
말에게 밥을 줘야 한다는 말만 몇 번씩 되풀이 합니다.
주위를 둘러보니 혼자 밥을 먹는 관광객 두 사람과 말에게 밥을 주고
있는 마부 두 사람이 보입니다.
"너 보고 돈 내라고 안 하거든. 그냥 좀 먹으라고!"

식사가 끝난 후 생강, 땅콩 그리고 이름 모를 잡초가 후식으로 나오고
그제야 마부는 잠시만 기다리라는 말을 남기고 말에게 밥을 주러 갔어요.

골든 미얀마 2인 식대 6,000짯
물 두 병 400짯

순수한 미소의

2000년 전부터 사용해 왔다는 미얀마 천연화장품 다나카.

무더운 날씨에 지친 여행객을 감싸 안아주는

미얀마 사람들의 미소를 더욱 아름답게 해주는 다나카는

어린아이와 여성들의 얼굴에 항상 발라져 있다.

때론 다나카로 얼굴에 특별한 그림을 그려 넣기도 한다.

다나카를 사용하는 방법은 우리네 벼루에 먹을 갈 듯이

석판에 물을 조금씩 떨어뜨리며 다니카 나무를 갈면 된다.

미얀마 사람들

04

순수한 미소의 미얀마 사람들

바간 오후

바간에서도 1700년이라는 오랜 역사
를 자랑하는 부파야 사원.
미얀마의 젓줄 이라와디 강변에 위치
한 부파야 사원은 옛날에는 고깃배들
의 등대로 사랑을 받았고 지금은 아
름다운 일몰로 많은 사람들의 사랑을 받는다고 합니다.

마부가 이제부터 어디를 가냐고 물어 보는데
처음 약속한 쉐산도, 쉐지곤, 아난다, 부파야를
모두 보았으니 나머지 바간 일정은
마부의 손에 맡겨 봅니다.

"네 마음대로 하세요."

13세기 지어진 바간의 마하보디 파고다!

부처의 생애와 관련된 4개 성지 가운데 하나로 부처가 깨달음을 얻었다
는 인도의 보드가야에 있는 마하보디 사원을 모방해 지었다고 합니다.

사원의 외형 뿐만 아니라 이름까지 똑 같게 지었네요.

마하보디 파고다 입구에서 만난 퓨퓨 아가씨!
저 보고 잘 생겼다고 같이 사진찍자 합니다.
다나카를 제 얼굴에 발라 주기도 하고 휴대용 다나카 선물도 손에 쥐어
줍니다.

한국에서 혼자 지내온 서러움을 이곳에서 위로 받았어요.
예전에 필리핀에서도 아주머니들이 예쁘게 봐주시던데
동남아로의 이민을 곰곰이 생각해 봅니다.

사진을 찍어준 제 호스카 드라이버가 광각 렌즈에 익숙하지 않아서인지
앞으로 다가와서 찍으라고 몇 번을 얘기해도 쉽게 다가오질 못합니다.
한 발자국만 더 앞으로 오면 좋을 것 같은데 한발자국을 앞으로 내딛지
못하네요.
사람일이란 익숙한 사람 눈엔 쉬워 보여도 처음인 사람에겐 항상 어려운
법인가 봅니다.

"근데 너 사진 진짜 잘 찍는다."

12세기 '내세의 부처'라는 뜻의 이름을 가진 알라웅시뚜왕이 자신이 죽
으면 묻힐 묘역으로 세운 쉐구지 파고다입니다.
하지만 내세에 부처를 꿈꾼 알라웅시뚜왕은 둘째아들 나라뚜에게 이곳
쉐구지 사원에서 죽임을 당하게 됩니다.
내세에 부처가 되는 것도 중요하지만 현세에 자식교육이 먼저라는 생각
을 조용히 해봅니다.

"나는 비쉬누 마라와 같은 것으로 태
어나지 않을 것이며, 위대한 왕으로
태어나는 것도 원치 않는다. 나는 단
지 부처가 되길 원할 뿐이다. 나는
유희의 강 위에 길을 만들어 고통 받
는 모든 중생을 천도하여 극락으로
이끌 것이니라."

아래 있는 처자들이 가이드를 자처해 쉐구지 파고다에 대한 많은 것을
가르쳐 주었습니다. 파고다를 구경하고 나올 때 물건을 사달라는 부탁을
제가 거절했지만 괜찮다고 걱정하지 말고 즐거운 여행하라고 미소를 지
어 줍니다.

제각 초등학교 다닐 때 이집트 피라미드에도 한글이 적혀 있다는 소리를 들었습니다. 참으로 민망한 이야기이지요. 남의 나라 문화유산에 낙서라니요.

다행이도 미얀마 여행에서 한글로 된 낙서는 보이지 않았습니다.

한국 사람들이 많이 찾지 않은 이유도 있지만 한국의 문화의식 수준이 이전 보다 성숙해진 게 아닐까 하는 생각에 흐뭇해집니다.

THATBYINNYU PHAYA

알라웅시뚜가 건설한 바간에서 가장 높은 타비뉴 사원입니다.
1층과 2층은 승려들의 숙소로 사용하고 3층엔 불탑을 모셔놓고 4층은 도서관으로, 5층은 부처의 유품을 보관하고 있다고 하나 일반인에게는 1층 밖에 공개를 하지 않고 있는 곳입니다.
사원의 높이는 크지만 울타리가 쳐진 정원은 '좁다'라는 느낌이 들었습니다.

맨발로 입장해서 사진을 찍다가 사원을 나와 풀밭을 밟았는데 풀밭에 가시가 엄청 많아요. 순간 가시밭길이 이런 건가 싶었습니다. 아파 죽겠다고 엄살을 좀 부렸더니 미얀마 친구들이 재밌어 합니다.

사원을 둘러 보다 보면 "너한테만 보여 주는 거야." "날 만나서 넌 운이 좋은 거야."라는 듯이 손바닥을 조심스럽게 펼치며 보석을 보여주는 총각들이 있습니다. 그리고 어설픈 일본어로 말을 하기 시작합니다.

'나보고 어쩌라는 말인지'

알라웅시뚜 왕의 둘째아들 나라뚜가 아버지와 형을 죽이고 왕에 올라 죄를 참회 하기 위해 짓기 시작한 딤마양지 파고다!
건축될 당시 벽돌사이에 바늘을 찔러 넣어 들어가면 장인들의 손목을 모두 잘라 버렸다고 합니다.

나라뚜는 매우 잔인한 성격의 왕으로 자신의 왕권을 위협할 만한 모든 이를 숙청하고 심지어 부인과 그 오빠 그리고 자신의 아들까지도 처형을 했다고 합니다. 미치지 않고서야 어떻게 부인과 자식까지……

나라뚜가 자신과 가까이 있던 모든 사람을 죽이고 왕권을 잡은 지 3년!
자신의 딸이 사위에 손에 죽음을 당한 사실을 알게 된 인도의 부데익가
야 왕은 딸의 복수를 하기 위해 브라만 승려로 위장한 자객을 보내 나라
뚜를 살해합니다.

바간 최대 규모와 최고의 건축 기술을 자랑하는 담마양지 파고다는 나
라뚜의 지나친 공포가 공사 일정을 지연시켜 왕권을 유지하던 3년이 지
나도록 완성하지 못해 아직도 미완성으로 남아 있다고 합니다.

부처의 가르침은 이런 게 아니었을 텐데요.

담마양지 사원에는 미얀마 유일의 쌍둥이 불상이 있고
그 쌍둥이 불쌍 뒤에는 와불이 있습니다.

두 처자는 만달레이에서 왔데요. 저도 만달레이에서 슬로보트를 타고 여기까지 왔다고 말하니까 제게 호기심을 갖기 시작합니다. 이런 저런 이야기를 하다 두 처자가 가이드가 되어 사원 여기저기를 같이 둘러보게 됐어요.
그냥 평범한 사원으로 알고 들어왔었는데 사연이 정말 많은 파고다입니다.

담마양지 파고다를 찾은 미얀마 가족 관광객입니다.
꼬마 아이가 너무 예뻐서 사진을 한 장 찍었는데 뒤에 계신 아주머니가 한 사람, 한 사람 불러 모으셔서 결국 가족사진을 찍게 되었습니다.
"이것도 불교에서 말하는 인연일까요?"
사진을 전해 주고 싶은데 관광지에서 만난 사람들이라 전해줄 방법이 없어 안타깝습니다.

미얀마어로 루비란 뜻을 가지고 있는 술라마니 파고다는
틸로밍로 파고다에서 우산을 던진
난타웅마 왕의 아버지가 지었다고 합니다.

13세기에 지어진 파고다이지만 보존이 상당히 잘 되어 외관이 수려하고 내부에는 부처님의 인생을 그림으로 표현한 벽화가 아름답기로 유명합니다.
미얀마 파고다 내부에 모셔놓은 작은 불상들은 외세의 침략에 수탈되거나 훼손되어 빈자리만 덩그러니 남아 있기도 하던데 내부에 벽화는 훔쳐갈 수 없으니 어쩌면 일부러 벽화를 그려 넣었는지도 모르겠습니다.

미얀마의 파고다는 사람이 살고 있는 곳이라면 어디든 지어져 있습니다. 아이들이 뛰어노는 곳도 파고다고, 연인들이 데이트 하는 곳도 파고다고 어르신들이 쉬는가는 곳도 파고다라는 거죠.
한국의 교회는 예배시간이 아니면 문을 걸어 잠그고 한국의 사찰은 너무 멀리 있는 게 사실이지요. 한국의 종교와는 근본적으로 추구하고 있는 무언가가 다르다고 느꼈습니다.
어느 것이 좋다 나쁘다는 따질 수 없지만 최근 하루가 멀다하고 뉴스에 나오는 우리나라 종교인들이 보여주는 추태가 눈살을 찌푸리게 하는 건 사실이네요.

112번 마부입니다. 저와 하루를 같이 보낸 친구...
썬업 포함 호스카 투어비 18,000짯, 팁 1,000짯

돌아오는 길에 바간 버스 터미널에 들러 다음날 아침 껄로 가는 버스를
예약합니다.

껄로행 버스 오전 6시 30분 티켓 11,000짯

숙소로 돌아와 아침을 먹었던 로컬 식당을 다시 찾았어요.
Gravy 누들과 미얀마 전통 차인 러펫예를 주문하는데 러펫예를 잘 못
알아 듣습니다. 역시 발음상의 문제인 것 같은데 "미얀마 티"라고 말하
니까 한 번에 가져다줍니다.
나중에 미얀마 식당에 들른 현지인들이 주문하는 소리를 귀담아 들어보
니 "러페이"라고 발음하더군요.
눈치 빠른 한국 사람이라면 외국인이 발음을 조금 시원찮게 했더라도
"러펫예"든 "러페이"든 알아듣고 가져다주지 않았을까 하는 생각을 잠시
해봤습니다.

Gravy 누들 500짯
미얀마 티 300짯
물 300짯

시간이 조금 남아서 시장 구경을 하는데 아쉽게도 비가 옵니다.
론지를 구매하기 위해 만나는 사람마다 론지가 예쁘다고 얼마 줬냐고
물어보고 다녔습니다.

론지 가격은 보통 3,000~3,500짯 정도 하는걸 알고 들어선 시장에서
맘에 드는 론지를 고르고 얼마냐고 물으니 7,000짯 이랍니다.
3,500에 산나고 하니까 퀄리비가 다르다고 제가 집어는 론지는 비싼 거
라고 몇 번이고 이야기하는데 살짝 기분이 상했습니다.

"퀄리티는 얼어 죽을..."
기분 나쁜 장사꾼과는 더 이상 이야기조차 하기 싫어서 붙잡는 장사꾼
을 뿌리치고 과감히 뒤돌아서는데 딸로 보이는 어린 여자애가 금방이라
도 눈물을 떨어뜨릴 것 같은 큰 눈으로 저를 바라봅니다.

"알았어! 4,000짯 그 이상은 NO"

반바지 3개만 가지고 온 저는 햇빛을 피하기 위해서도 쉐다곤, 술래 파
야에 입장하기 위해서도 냉동버스에서 추위를 이기기 위해서도 양곤 순
환열차에서 벌레로부터 몸을 지키기 위해서도 론지가 필요했기 때문에
조금 비싸게 주고 사도 괜찮다고 생각했습니다.

저는 여행객이니까요, 현실적인 가격에서 조금은 바가지 써도 이해합니다.

론지 4,000짯

숙소에 투숙하고 있던 일본인 료헤이. 저는 대학교 때 두 달 정도 일본어 공부를 한 게 전부이지만 그것으로 족합니다.

료헤이를 처음 만나 간단히 차도 마시고 이것저것 이야기하다 카라, 소녀시대 이야기가 나왔어요. 역시 한류가 이런 작은 자리에서도 이야기 주제가 되니 좋습니다.

구하라의 팬인 이 친구도 나이는 저와 동갑이고 지금은 백수입니다.

혼자서 유럽여행을 마치고 동남아 여행을 시작 했다내요.

자유로운 영혼을 만날 때면 항상 부럽습니다. 오사카 놀러갈 때 연락하기로 했는데 지킬 수 있을지 살짝 걱정입니다.

미얀마 티 두 잔 400짯

술을 한잔 하자고 하는데 마땅한 술집을 몰라 호텔스텝에게 물었다가 같이 마시게 됐습니다.

일본사람은 보통 몇 잔 못 먹는데 료헤이가 생각보다 술을 잘 마십니다.

저는 의사선생님의 권유도 있고 내일 새벽 껄로로 이동해야 하는 버스도 타야 하기에 쫌만 마시려고 했는데 료헤이가 첫 잔을 금방 비웁니다. 그리고 자기는 술 좀 한다내요.~

그리고 한국 사람은 술 잘하지 않느냐고 물어봅니다.

별다른 악의는 없었음에도 불구하고 제 귀에는 "넌 한국 사람인데 왜 술을 못 마시냐?"로 들렸습니다.

네 놈은 뚜껑을 따면 술 종류를 막론하고 술병을 다 비우기 전 까지 일어서는 법이 없으며 황혼에서 새벽까지 마셔주고도 아침에 출근을 한다는 한국인을 들어 보지 못한 건가 오늘 너에게 한국인의 무서움을 보여주겠다. 내가 여기서 너한테 지면 다시는 술을 입에 대지 않으리라 하는 각오로 술자리에 임합니다.

분위기 좋게 시작한 술자리는 어느덧 한일전으로 치닫고 있었어요.
"다 죽었어!!"
정말 아쉽습니다. 소주만 있었다면 네 발로 걷게 해 줄 텐데요~~^^

저는 술을 마시면 머리가 아파서 항상 휴일 전날에만 마시는데 내일은 새벽에 일찍 일어나는 것만 빼면 버스 안에서 하루 종일 잘 수 있다는 생각에 고삐가 풀렸습니다.

술값 5,400짯

500CC 한 잔에 650짯이였어요...
술값 12,350짯 중 아까 차 사줬다고 료헤이가 7,000짯 내고 나머지는 제가 냅니다.
50짯은 팁.

미얀마에서 돌아와 두 달쯤 지났을까요? 미얀마 앓이로 하루하루를 보낼 때 쯤 joy5001님께서 제가 미얀마에 남기고 온 사진을 찍어서 메일로 보내주셨어요. 카페에서 제 여행기를 읽으시고 저를 기억해 주시다니 감동입니다.

joy5001님께서 보내주신 메일 전문입니다.

덕분에 여행 잘 다녀왔고요…….
중간에 퓨퓨 만났는데 한국친구 많다고 자랑하다
대뜸 1052님 사진을 꺼내서 보여주는 거예요.
어찌나 반가웠던지 ㅎㅎ
퓨퓨가 멋진 남자라고 칭찬 많이 하던데요~!
안타깝게도 퓨퓨 사진 제대로 나온 게 없네요.
그리고 트레킹 쇼수 찾았는데 스케줄이 안 맞더라고요 ㅠ.ㅠ
다른 가이드도 좋았어요.
1052님은 여행 후 적응 잘하고 계신지..
월욜날 들어왔는데 마구 우울해하고 있어요.
이번에 고생도 많이 했는지 미얀마 사람들이 아른거려서
한동안 고생 좀 할 것 같네요.
좋은 하루 되시고 점심 맛있게 드세요~ ^^

제가 내년 띤잔 물 축제 에 다시 갈 거라고 답장을 드렸었는데
직장을 옮기게 되어 약속을 어기게 되었습니다.
죄송합니다. joy5001님~

참 그러고 보니 퓨퓨가 1052님 어떻게 아냐고 물어서 1052님이 인터넷에서 유명한 작가라고 했어요. ㅎㅎ

저도 올해 쏭크란 갔다 완전 반해서 내년에도 가려고 하는데…….

내년 4월에 띤잔도 한번 생각해 봐야겠네요. ^^

띤잔 일행 구하실 때 카페에 글 올리실 거죠?

열심히 보고 있다가 끼워 달라고 연락드리면 모른 척 하지 마세요. ㅎ

디카 망가뜨리고 핸폰으로 찍어서 사진도 얼마 없고 잘 찍지도 못했지만

퓨퓨 뒷모습이라도 보시라고 몇 장 첨부합니다.

사진을 다른 사람한테 찍어달라고 부탁했더니 너무 저 중심으로 찍어놨네요.

퓨퓨 그 애교스런 얼굴이 눈에 선한데 이 기억이 언제까지 갈지

그런데 파카 입은 사진은 사람들 나눠주려고 일부러 가져가신 거예요?

그렇게 마음 씀씀이가 예뻐서 친구가 많이 생겼나 봐요 부럽~~ ^^

현재의 미얀마는 우리나라처럼 번지수가 정확하지 않아 우편배달이 되지도 않을 뿐더러 인터넷 요금은 비싸고 속도는 느리고 인터넷이 되는 장소도 한정적입니다.

국제전화는 일반 길거리 전화로는 불가능하고 외국인을 상대로 영업하는 호텔쯤 가야 할 수 있어요.

몇 년이 지나서 이메일이라도 한 통 날아오지 않을까 하는 기대에 저는 제 사진을 크게 인화해서 미얀마에 가지고 갔습니다.

뒤에는 메일 주소와 영문 집 주소 그리고 국가번호 + 폰번호를 기제해서 도움을 받거나 친분이 쌓이는 친구들한테 줬는데 joy5001님께서 보시고 1052를 기억해 내실 줄이야~^^

joy5001님 덕분에 훈훈한 하루를 보낼 수 있었습니다.

나보다 먼저 다녀간 이의 여행기를 읽고
어느새 나는 미얀마에 빠져있었어.
재미난 여행기를 다 읽었을 쯤엔
이미 내가 경험하고 내가 겪은 이야기가 되어
내 삶 속에 녹아들어 있는 것처럼~
누군가 다녀간 그 자리를 공유한다는 것은
마치 타임머신을 타고 여행을 하는 기분이야.

"당신은 나를 모른다고 할 테지만
나는 이미 당신을 알고 있어요."

껄로에서
여유를 느끼다

05
한없이 나른해지고 여유로운 도시

껄로 도착

myanmar

껄로

어제 버스 티켓을 끊을 때 숙소 앞에서 기다리라고 했어요.
6시에 반에 버스가 숙소 앞을 지나니까 그때 타도 된다고 했는데
숙소에서 그리 멀지 않은 곳에 버스터미널이 있어서 아침 6시
버스터미널로 걸어갔습니다.

6시 반 출발 버스가 7시 넘어서 터미널에 도착했어요.
만약 숙소 앞에서 마냥 기다렸다면 물어볼 사람도 없는데
혼자서 똥줄 탈 뻔 했습니다.

파인애플 500짯
후라이드 누들 치킨 2,000짯

114

버스를 타고 오는 산길에 버스가 낭떠러지에 굴러 떨어져있고
사람들이 버스를 견인하기 위해 힘쓰는 모습을 창밖으로 보았습니다.
비가 오는 우기라 지반이 약해져 산기슭으로 흙이 쓸려 내려가 버스가
다니기에는 조금 위험한 것 같았어요.

오후 2시 50분 껄로 도착 했다고 내리라고 하는데 아무도 안 내립니다.
차장으로 보이는 사람에게 껄로를 몇 번씩 확인하고 나서야 서럽게 혼자
내리는데~
마중? 나온 사람이 많은 걸 보고서야 껄로가 맞구나 하고 안심했어요.
일단 마중 나온 사람을 피해 가장 가까운 상가로 몸을 숨기고 바나나 쥬
스를 시킵니다.

바나나 쥬스 500짯

바나나 쥬스를 한잔 하고 숙소를 찾아 나서는데
눈에 익숙한 간판이 들어왔어요.

이스턴 파라다이스 호텔!
역시 듣던 대로 방에 들어서자 느껴지는 깨끗함이 마음에 들었습니다.

이스턴 파라다이스 호텔 15불

호텔 아가씨한테 트레킹 예약을 물어보고 찾아간 곳이
'샘 패밀리 트레킹 서비스'
근데 하늘이 우중충 합니다. 간간히 비도 오고요.
이런 날 트레킹을 하는 사람이 있기는 할까 싶어 물어봤더니 트레킹을
하는 인원이 극히 소수이여서 팀을 짜기에는 어렵다는 말을 합니다.

그래도 트레킹을 포기할 수는 없습니다.
트레킹을 하면 인뗑에 갈 수 있으니까요. 미얀마 여행 중 꼭 가보고 싶은
곳이 우베인과 인뗑이였습니다.

아직까지 인뗑과 인뗑루인스를 구분하지 못하고 있었어요.

하루 트레킹 안내비 숙식 포함 20,000짯
1박 2일 이니까 40,000짯에
인뗑에서 낭쉐까지 보트비 15,000짯

트레킹 비용을 줄이기 위해 쌤 아저씨한테 저는 픽업트럭도 필요 없고
배낭 캐리도 필요 없고 오로지 인뗑만 가면 된다고 말합니다.
쌤 아저씨는 착하신 분이였어요.
저에게 인뗑으로 꼭 보내주신다고 걱정하지 말라고 몇 번이고 말해주셨
어요.

1박 2일 트레킹 55,000짯
여행기에서 한 번도 보지 못했던 나홀로 트레킹에 가격 또한 탑입니다.

시간이 어중간해서 어디를 놀러 가기도 그렇고 저녁을 먹기도 그렇고
그냥 껄로를 배회합니다.
늦게 도착하면 어쩌나 하고 걱정하고 있었는데
생각보다 일찍 도착한 거지요.

슬슬 배가 고파 질 때쯤 더진 레스토랑이 보입니다.
"어디서 봤는데 여기를~"

순간 땡이님 여행기에서 이 식당 가족 분들을 파고다에서 만났던 이야기
와 식당 음식 맛도 좋고 사람들이 너무 순수해서 좋았다는 이야기가 떠
올랐습니다.

한국에서 인터넷으로 이미 이곳을 알고 있었다고 말을 할까 말까 망설이다가 그만 뒀습니다.
혼자 만에 비밀도 하나쯤은 있는 것이 좋을 것 같다는 생각에~

더진은 꽃 이름이랍니다. 더진에 다녀간 사람들의 방명록을 보여 주셨는데 저도 여기다 내년 띤잔에 미얀마에 같이 오실 분을 찾는다고 코멘트를 달고 왔어요. 지키지도 못 할 약속을 이곳에도 적고 왔네요.

음식 맛은 사진으로 보여드렸습니다. 한국사람이라고 하니까 김치도 주셨어요. 직접 담근 거라고 하면서 내어 주시면서도 혹시나 제가 맛없어 할까봐 계속해서 맛이 괜찮으냐고 물어 보십니다.
맛도 있고 사람들도 순수하고 다음에 다시 한 번 껄로를 여행한다면 그땐 좋은 사람들과 함께 공유하고 싶습니다.

치킨 커리, 미얀마 비어, 라임 쥬스 Total 5,500짯

@THAZIN

한국에선 몰랐었어!
내려놓아야 웃을 수 있다는 걸.

삶의 무게를 탓하며
힘들어 했던 지난날의 내 모습이
내 욕심에서 비롯된 것임을
몰랐었어!

삶의 집착과 미련에
괴로워하던 내 모습이
내 욕심에서 비롯된 것임을
몰랐었어!

내려놓아야 웃을 수 있다는 걸.

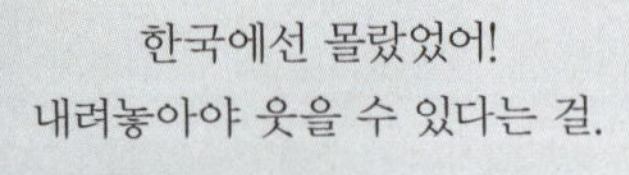

내려 놓아야
웃을 수 있다는 걸

비 오는 날의 추억

껄로 트레킹 첫 날

제 트레킹가이드의 이름은 쇼수 파이입니다.
오전 7시 30분. 1박 2일 트레킹을 시작하는데 역시 비가 오네요.

제가 신은 신발은 아쿠아 트레킹화입니다.
미얀마 트레킹을 위해 정말 많이 생각하고 고른 신발이였는데
차라리 고민을 하지 말 걸 그랬습니다.
그랬다면 등산화를 신고 미얀마에 왔을 텐데요.

바닥에 뚫린 구멍으로 물하고 같이 진흙이 들어옵니다.
들어 올 대로 들어오다 구멍이 막혀버리면 신발 속에서 범벅이 되어
한발 한발 내딛을 때마다 미끈미끈한 감촉이 느껴집니다.

쇼수의 얼굴을 보면 여유가 느껴집니다.
그에 비해 저는 빽빽에 힙쌕에 아이들 나눠 줄 과자랑 사탕까지 가득 찬
보따리를 메고 있어요.

쇼수가 여러 번 과자 보따리를 들어준다고 하지만
무거운 가방을 숙녀에게 들어달라고 부탁할 만큼 나쁜 남자는 못됩니다.

오전 10시 걷고 있는데 음악 소리가 들려요.
쇼수가 결혼하는 것 같다고 보고 가려냐고 제게 묻습니다.
"응 꼭 보고 싶어!"

쇼수가 따라오지 말고 서서 기다리라고 제게 말하고
주인 어른으로 보이는 분께 얘기를 하러 갑니다.
혹시나 안 된다고 하면 어쩌나 내심 초조해 하고 있는데
얘기를 마치고 돌아오는 쇼수의 표정을 보니 괜한 걱정이었네요.

마을 사람들 전부 불러서 밥 먹는 문화는 비슷한가 봅니다.
넉살좋은 쇼수와 인심좋은 미얀마 아니겠습니까?
밥 먹고 가라 하네요.~
"럭키~"

생강하고 피넛을 여기서 또 만나네요. 잎담배 꽁야와 사탕도 보입니다.
대접을 한다고 하기엔 소박한 차림이지만 처음 만나는 낯선 이에게 까지
친절을 베푸는 미얀마 사람들의 정성을 느낄 수 있었습니다.

미얀마의 부주 문화는 한국과 비슷하지만 한 가지 다른 점은
부주한 사람의 이름과 금액이 고스란히 공개된다는 점이고 부주를 한
사람에게는 부채를 나눠준다고 합니다.
미리 알았더라면 이곳에서 조금이라도 성의를 표했어야 했는데 결혼식
장을 나온 후에야 쇼수가 가르쳐 주었습니다.

미얀마의 촌지

미얀마는 3모작이 가능한 농업 국가입니다.
미얀마에는 한국엔 없는 촌지 문화가 있는데 자녀가 결혼을 할 경우 며
느리나 사위를 데려온 집에서 자녀를 보내준 집에 상당한 금액의 촌지를
전합니다.
이는 잘 사는 집에서 못 사는 집에 경제적인 도움을 주는 그런 개념이
아니고 며느리나 사위를 데려온 집은 인력이 늘어났으니 그만큼 수확량
이 늘 것이고 자녀를 보내준 집은 인력이 줄었으니 그만큼 수확량이 줄
것이기에 이를 금전적으로 보
상해주는 의미가 있습니다.

오빠는 29살, 신부는 19살 본인은 18살 이래요.

서양인에게는 처음 만나서 나이를 묻는 것이 비 매너라는 것은 알고 있
어요.
한국에서 여자에게 몸무게를 물어본 것과 같다고 하는데 굳이 그렇게
민감하게 받아들여야 하는 사항인지 모르겠습니다.

미얀마는 동양이니까 일단 나이부터 물어보고
형님, 아우를 정하는 한국식 인맥관리가 자연스러웠어요.
내가 너보다 나이가 많으니 한국말로 "오빠"라고 가르쳐 주었더니 고개
를 저으며 한국말로 "아저씨"라고 저에게 가르쳐 줍니다. 악~
"결혼 안 한 아저씨는 오빠라고 불러도 돼!"

죄송합니다. '아저씨라는 소리는 듣고 싶지 않다는 생각과 나는 아직 오
빠라는 자기 합리화'를 위해 말도 안 되는 거짓말을 미얀마에 흘리고 왔
습니다.

열 살 연하와 결혼식을 하는 모습입니다.
저도 장가를 가야 하는데 점점 미얀마에 빠지고 있는 제 자신을 느낍니다.

남자와 여자가 있는 사진은 무조건 여자가 예쁘게 나와야 한데요.
돌 사진. 백일사진 등을 찍으면 최종 사진 선택 할 때
애기가 잘 나온 사진이 아니라 엄마가 잘 나온 사진을 선택한다고 해요.
가족사진은 말 할 것도 없습니다. 무조건 엄마!

Main Dish of the Day is a fish curry and bean soup.
영문으로 들으면 뭔가 있어 보이는 메뉴 같았는데 밥상을 받아 보니
정겹고 소박한 우리네 가정식 백반입니다.

미얀마와 한국 식탁의 차이는 쌀밥에 반찬을 먹는 건 같은데
반찬마다 수저가 하나씩 올려져 있어요. 반찬 그릇에 올려져 있는
수저로 자신의 밥그릇에 음식을 덜어서 먹으면 됩니다.
우리나라 식당에서 음식 재활용하는 기사를 접할 때마다 찜찜했는데
미얀마 방식이라면 문제없겠네요.

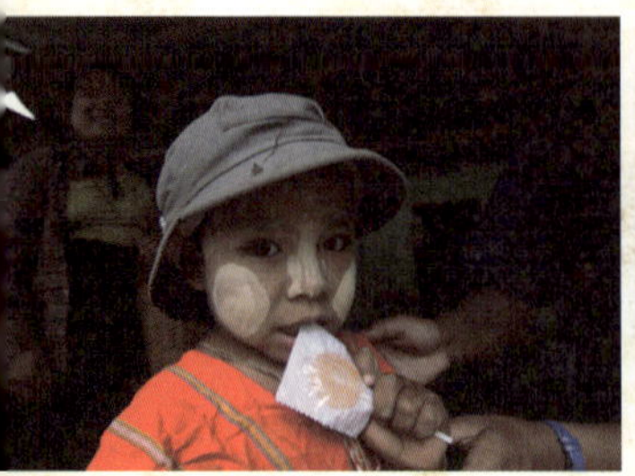

배를 든든히 채우고 본격적으로 트레킹을 준비하려고 들른 가게에서
저는 물 두 병을 사고 쇼수는 커다란 해바라기 씨 한 봉지를 구매했어요.
해바라기 씨를 보자마자 제가 예전에 키우던 햄스터 먹이가 떠올라
먹고 싶은 마음은 없었는데 쇼수가 맛있다고 먹어보라하니
거절할 방법이 없네요.

쇼수가 앞서 걸어가다 일정한 시간 간격을 두고 제 손에 해바라기 씨를
조금씩 올려줍니다.

저는 처음에는 하나씩 까먹다가 나중에는 한 입에 털어 넣고
입안에서 껍질만 벗겨내는 햄스터도 울고 갈 신공을 터득해 버렸어요.
제가 어릴 적 햄스터에게 해바라기 씨를 주고 신기하게 바라봤었는데
지금 쇼수가 제 어릴 적 그때 그 모습으로 저를 바라보고 있습니다.

물 두 개 800짯 내 거 하나, 쇼수 거 하나
해바라기 씨는 쇼수가 사 줌.

먼저 앞서가던 쇼수가 제가 안 따라 가고 있으니 뒤돌아봅니다.
그러다 제가 카메라를 들고 있으니 자신이 제 사진에 방해가 될까봐
카메라 앵글 밖으로 빠른 걸음으로 피하고 있는 사진입니다.

"쇼수야~ 니 뒷모습을 찍는 사진이었어!"
"어서 제자리로 돌아와~"

트레킹을 하며 지나는 마을마다
어린아이들과 노인 어르신분들만 있었어요.
젊은 사람들은 밭으로 논으로 일을 나간 것 같아요.
해가 쨍 했다면 사진을 찍어야 하는 저 혼자 좋았겠지만
날씨가 흐리고 선선하니 일하는 사람도 좋고 고생하는 쇼수도 좋고
트레킹하는 저도 좋습니다. 이걸 보고 일석삼조라 해도 될까요?

트레킹을 하면서 또 하나 느낀 점은 제가 가진 게 너무도 많다입니다.
가진 게 많으니 무거울 수밖에요.
가진 게 없으면 지킬 것도 없으니 힘들지도 않을 것 같았어요,
인생에 대한 고민을 해봅니다.

미얀마에는 하얀 소가 많았어요. 검은 건 버펄로고요.
그래서 한국 소는 노랗다고 말하니까 저보고 거짓말쟁이래요.
필리핀 소는 까맣다고 말하니 까만 건 믿겠는데 노란 건 못 믿겠대요.

그리고 한국에는 검은색 대나무가 있다니까 거짓말 하지 말래요.
오죽헌을 데려가 보여주지도 못하겠고 지는 미얀마에시 앙치기 이지씨가
되어버렸습니다.

"오빠 좀 믿어주지 않으련? 손만 잡고 잘ㄲ 앗! 실수~"

계속해서 걷고 또 걸어가는데 쇼수는 이것저것 가방에 주워 담느라
바빠요. 그냥 한 주먹씩 뜯어서 일회용 비닐봉지를 꺼내 담는데
토끼 같은 애완동물이라도 집에서 키우는 것 같아 보였어요.

산골짜기에서 점심을 먹자고 들어간 집입니다.
대나무로 지은 집인데 들어가니 주인 어르신도 있는데
쇼수가 너무나 자연스럽게 차와 땅콩을 내놓으면서 기다리라고 말합니다.
트레킹을 하는 사람들을 대상으로 식사를 하고 쉬어 갈 수 있도록
트레킹 사무소와 MOU?를 체결한 집들을 트레킹가이드는 마음 놓고
그때그때 상황에 따라서 이용을 하는 것 같았습니다.

쇼수가 저에게 점심을 먹고 가겠냐고 물어봤을 때 제가 나중에 먹자고
말했다면 이 집에서 키우는 예쁜 고양이를 만나지 못했겠지요.
이것이 불교에서 말하는 인연이 아닐까요?
이 고양이와의 인연은 'to be continued'입니다.

실은 고양이가 두 마리 있었는데 너무 귀여워서 같이 놀다가 옆방으로
들어갔더니 쇼수가 모닥불에서 미얀마 봉지라면을 끓이고 있었어요.

세상은 모르는 편이 더 좋은 경우가 종종 있기 마련이지요.
만약 몰랐다면 정성스럽게 만든 미얀마 샨 국수를 대접 받았다고 생각
했을 텐데요.

아쉬움을 뒤로하고 저는 그냥 맛있게 먹어 줍니다.
미얀마에서 제가 할 수 있는 일은 좋은 것만 보고 맛있는 것만 맛있게
먹어 주면 되는 것 아니겠습니까?

미얀마는 정말 풍요로운 나라입니다.

황금의 나라라고 불릴 정도로 황금도 많이 묻혀있고 다양한 색상의 천연보석이 생산돼 보석으로 그림을 그리기도하고 지하에는 아직 개발되지 않은 석유자원이 풍부하다고해요. 그리고 벼농사도 일 년에 삼모작이 가능한 나라입니다.

미얀마가 못 사는 이유는 1962년 혁명정부에 의해 사회주의 경제체제가 계속되면서 아시아에서 두 번째로 못사는 나라가 되었어요. 지금은 민주주의가 정착되어 2년이 흘러가고 있습니다. 미얀마의 눈부신 발전이 기대되지만 이기심 많은 여행자의 눈으로 바라보면 미얀마가 자본주의 사회에 물들어가는 것이 달갑지 만은 않은 것이 사실입니다.

꽃을 좋아하는 사람은 꽃을 꺾어 곁에 두려 하지만
꽃을 사랑하는 사람은 꽃에 물을 준다.
하였나요?

미얀마를 진정 사랑한다면 경제적으로 문화적으로 성숙할 수 있도록
교육에서 소외된 아이들이 꿈을 가질 수 있도록 응원해 줘야겠지요.
저를 바라보는 이 산골 소년이 학교에 가고
꿈이란 것을 가지고 살아갈 수 있도록
미얀마의 변화는 선택이 아니라 필수이겠지요.

경제발전을 이루어도 순수를 잃지 않는 미얀마가 되기를 희망해 봅니다.

쇼수가 갑자기 뭘 잘 먹는지 물어옵니다.
"난 아무거나 잘 먹어!"
그러자 다시 감자를 좋아하냐고 물어옵니다.
"감자도 좋아해!"

트레킹 하다가 말고 갑자기 뚱딴지같은 질문을 한다 싶었는데 갑자기 쇼
수가 밭에 들어가 감자를 캐기 시작했어요. 더 황당한 건 밭에서 일을
하고 있는 아주머니가 있었는데 말이죠.
아주머니가 걸어 나오시기에 쇼수에게 물었습니다.
"아주머니와 아는 사이야?"
설마하며 물어 봤는데 돌아온 대답은 제 기대를 저버리지 않았습니다.
"아니 모르는 사이야"

서리하다 걸렸으니 빨리 손이라도 잡고 도망가야 할 것 같은데 조금 가져
가는 건 괜찮다고 걱정하지 말라고 넉살좋게 웃습니다.
그러더니 밭에서 토마토를 또 따기 시작했어요.
아까부터 이것저것 가방에 주워 담더니,
"너 저녁 장보고 있었구나?"

산 정상에 있는 화이트 템플에서 바라본 경치가 너무 아름답고 시원합니다. 아름답다라곤 "beautiful" 밖에 모르는 제게 "gorgeous"라는 단어를 쇼수가 가르쳐 주었어요.
사원 자체는 아름답지 않지만 배경만큼은 감탄사가 절로 나와요.

잠시 쉬어 가는데 쇼수가 갑자기 저보고 노래를 불러 보랍니다.
"오우 마이 갓"
나는 노래를 못 부른다고 애써 거절하고 쇼수에게 노래를 불러달라고 부탁했는데 몇 번 거절하더니 노래를 불러 주기 시작했어요.
팝송을 불러 줬는데 제목을 듣고도 기억하지 못하는 저를 용서해주세요.
"완전 멋졌어. 넌 미얀마 최고에 가수야!"

산은 해가 일찍 진다고 오늘밤 머무를 숙소를 찾아 발길을 서둘러 산길
을 내려가는 데 쇼수가 헐리웃 액션으로 넘어지는 연기를 합니다.
옛날 시골에서 애들이랑 했던 장난을 이곳 애들도 하고 있는걸 보고 너
무 반가워서 먼저 주변을 살폈습니다.

외국인이 이런 곳에서 한번쯤 뒹굴어 줘야 지켜보는 아이들이 신이 날거
란 생각에 주변을 살펴봤는데 아무도 없네요.
멋지게 넘어질 자신이 있었는데 말이죠.

오후 6시. 숙소에 들어가기 전에 트레킹을 하는 모든 사람이 거쳐 가는 방앗간 같은 가게에 들렀는데 한국에서 왔다는 이유만으로 이곳 사람들에게 사랑을 듬뿍 받았습니다.

들고 간 아이패드에는 한국에서 방영된 미얀마를 소개하는 방송들과 한
국 가수의 뮤직비디오 그리고 한국 드라마 배우의 사진 등을 넣어 갔어요.
항상 느끼는 거지만 역시 한류는 길이요 진리요 생명이니……
만국의 문화장벽을 허무는 일등 공신입니다.

사람들과 한국드라마 이야기를 하며 웃고 떠드는 도중에 쇼수가 아까 제
가 이야기 했던 노랑 소와 검은 대나무 얘기를 여기서 꺼냈는데 순식간
에 웃음바다가 되었습니다.
저도 예전에 필리핀에서 소는 까맣다는 얘기를 처음 들었을 때 거짓말하
지 말라고 웃기지 말라고 이야기 했던 모습이 생각 나내요.
"너희들 지금 오빠 못 믿는 거야?"

저 말고 다른 트레킹 사무소를 통해 프랑스에서 온 팀이 있었는데
그 중에 한 명이 제게 유명한 사람이냐고 물어 옵니다.
"내가 좀 유명하긴 하지. 우리 동네에서"

물 두 개 800짯
맥주 한 캔 + 해바라기 씨 1,200짯

145

한국에 돌아와서 한우 사진과 오죽헌 사진을 찾아 놓고
쇼수에게 보여줄 방법을 궁리합니다.
그러다 카페에서 제 여행기를 읽으시고 메일로
미얀마 여행 코스를 부탁하시는 분들이 있어서
그중에 트레킹을 하시려는 분들에게 몇 번 부탁을 드렸었는데
시간이 맞지 않아 쇼수를 만나지 못했다는 답변만 받았어요.

언제고 제게 다시 미얀마를 여행할 기회가 주어지거나
미얀마 친구들이 인터넷을 쉽게 접할 수 있는 날이 오면
다시 재미있게 이야기 할 수 있는 날이 오지 않을까 기대해 봅니다.

미얀마 대나무 집은 보통 이층으로 짓는데 아래층은 가축을 기르거나 창고로 쓰고 위층은 사람이 생활하는 주거용으로 사용합니다.
소 뒤로 보이는 집이 제가 하룻밤 신세를 지을 숙소인데 다행이도 아랫층은 창고로 쓰이고 있었어요.
쇼수 쉐프님이 저녁식사를 준비하는 동안 나갔다 오라고 자유 시간을 주었어요. '짧은 시간동안 저 녀석이 사고를 쳐봐야 얼마나 칠까?' 하는 맘이 아니었을까요?

이 근처에는 사원이 하나 있어서 아이들이 뛰어 놀고 있는 것을 미리 봐두었기에 내일은 가볍게 트레킹에 임하려고 과자봉지를 들고 집을 나섭니다.

사원에 도착하니 요 아이가 제게 제일 먼저 뛰어
와줬어요. 사진기를 들어 보이자 활짝 웃어주는데
얼마나 활짝 웃던지 천진난만이란 말은 이 아이를
보고 하는 말 같았어요. 너무 귀여워서 사탕을 손
에 쥐어 보내줍니다.

이방인으로부터 친구가 받아 온 사탕을 본 아
이들이 저를 향해 무서운 속도로 달리기 시작합니다. 개중에는 뛰면서
소리를 지르는 친구도 있었어요! 20명도 넘는 아이들이 동시에 뛰어오는
데 짧은 순간이지만 저는 공포 ? 를 느꼈었습니다.
"줄을 서시오~", "줄을 서시오~"
말을 듣지 않아야 아이들인 거죠? 그런 거죠?

아이들에게 공평하게 나눠 주고 싶은 마음은 굴뚝 같은데 방법을 찾다
가 당연히 나눠 먹으리라 생각을 하고 보라색 옷을 입은 가장 커 보이는
여자아이에게 사탕봉지를 통째로 넘겨주었습니다.
그런데 그 아인 욕심이 많은 아이였어요.

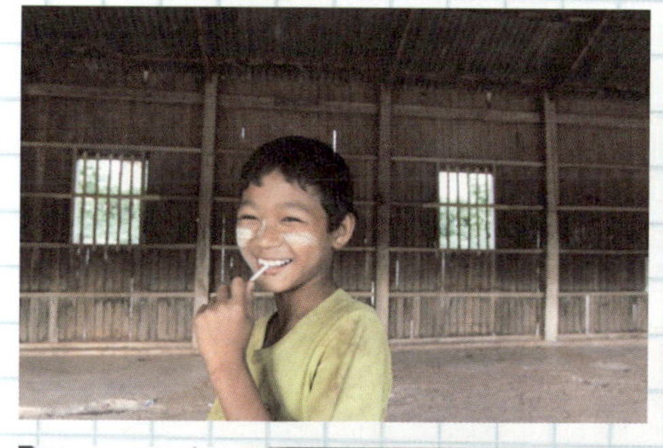

과자 봉지를 받아들고 도망을 가기 시작합니다.
"대박!"

재빨리 뒤쫓아 간 아이들이 그 친구를 잡아서 사탕을 나누는데
그 아이한테서 사탕을 얻은 아이도 있고 얻지 못한 아이도 있었어요.

사탕을 얻지 못한 아이들이 한 명, 두 명 울기 시작합니다.
저는 잔잔한 호수에 돌을 던진 거였어요.
애들 부모님이 나올 것 같은 기분이 들어 얼른 그 자릴 도망칩니다.
나쁜 짓을 하고 도망치는 아이처럼~

산속에 어둠은 쇼수의 말대로 빨리 찾아 왔습니다.
잔잔한 호수에 돌을 던지고 숙소로 들어와 저녁 식사 준비를 조금 도왔을 뿐인데 초가 없이는 앞이 보이지 않을 정도로 어두워졌어요.

조촐한 밥상에 촛불만 하나 켜 놓았을 뿐인데 고급 레스토랑의 로맨틱 분위기가 느껴집니다.
"저만 그런가요?"

낮에 수확한 토마토와 감자도 보입니다. 하루 종일 걸어서 그런지 밥이 절로 넘어가네요.

제가 혼자서 놀고 돌아왔을 때는 남자를 경계하는 프랑스 아가씨 두 명
이 숙소에 들어와 있었어요. 내일 인뗑에서 만나 인레로 들어가는 보
트를 같이 타기로 약속합니다. 인뗑에서 인레로 들어가는 보트비가
15,000짯인데 보트를 셋이 타게 되어 한 사람당 5,000짯! 해서 쇼수가
10,000짯을 돌려줬어요.
쇼수는 역시 착한 아이에요~

보트비 회수 -10,000짯

소 뒷걸음질 치다 찍힌 껄로의 고양이 사진은 제 생에 첫 전시회 사진이
되었답니다.

자신과의 싸움,
예상치 못한 순간
나의 적은 내 안에 있었다.
To be continued

긴장 인내 사투
클라이막스

쇼수와 함께 한 잊지 못할 트레킹

껄로 트레킹 둘째 날

myanmar

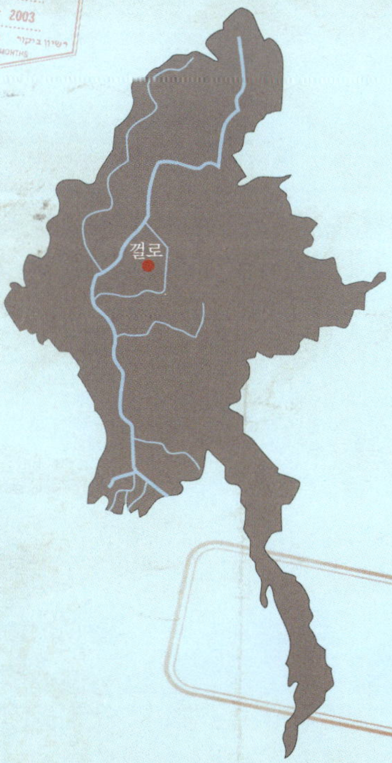

아침에 일어나 화장실을 찾고 있었어요.
분명 이곳 너머에 있다고 했는데 문이 보이지 않습니다.
그때 주인아저씨가 나타나 양쪽 기둥 사이를 연결한
대나무 울타리를 손으로 잡아 빼 길을 만들어 주셨어요.
문을 코앞에 두고 헤매고 있었네요.

이다음에 코앞에 기회가 다가왔을 때 기회가 기회인 줄 모르고
헤매이지 않도록 제겐 생각의 전환이 시급함을 느낍니다.

어제 저녁 간단히 세수와 발만 닦고 아침에 일어나선 세수와 이빨만 닦 았습니다. 샤워를 하고 싶은 생각은 굴뚝같지만 어느 날부터 가늘어지기 시작한 팔 다리와 배둘레 햄을 미얀마에서 보여주긴 싫었어요.

다음에는 꼭 등목이라도 할 수 있도록 배만 좀 넣어가자고 다짐해 봅니다.

아침을 맛있게 만들어 줬는데 남자를 경계하는 프랑스 두 아가씨가 먼저 밥상에 앉아 먹기 시작해서 카메라를 들고 찍는 게 조심스러웠기에 사진 을 못 찍었습니다.

밥하고 팬 케익을 만들어 줬는데 두 아가씨는 밥은 안 먹고 팬 케익만 먹습니다. 저는 새벽같이 일어나 밥을 차려준 성의를 생각해서 평소보다 조금 많이 아침을 먹고 일어섭니다.

오전 7시 30분 비가 오고 있어요…
다시 트레킹을 나서는데… 얼마 지나지 않아 뱃속에 용가리가 용트림을 합니다.
소리가 얼마나 컸던지 저만치 앞서가던 쇼수가 그 소리를 듣고 말았어요.
쇼수가 뒤돌아보고 물어봅니다.
"아유 헝그리?"

쇼수는 별다른 악의 없이 제게 물었지만 제게는 이렇게 들립니다.
"아침을 그렇게나 마니 먹고 아직도 배가 고프세요?"

괜찮다고 걱정하지 말고 앞서 가라하고 다시 따라 나서는데 용가리가
이제 꿈틀 대기 시작합니다. '오 주여~ 왜 제게 이런 시련을~'

용가리와의 사투가 시작되고 식은 땀이 비 오듯 흘러 내려 입고 있던
우비를 벗으니 아직은 참을 만합니다.
아직 갈 길이 구만리인데 어떻게 해야 할지 눈앞이 깜깜했어요.

어서 마을이 보였으면 하는 마음으로 쇼수에게 다음 마을이 어디 있느냐
고 얼마나 더 가야하느냐고 물어봅니다.
"1시간 30분 뒤에 도착해요"

한 시간이 지날 때쯤 마을까지 얼마나 더 남았냐고 물었는데
쇼수에 대답을 듣고 순간 정신줄을 놓을 뻔 했습니다.
"1시간 30분 뒤에 도착해요"

미얀마 타임은 여기서도 예외 없이 적용되고 있었던 것이지요.
식은땀이 빗물과 함께 범벅이 되어 흘러내립니다.

한 시간 반을 다시 참아 보기로 합니다.

첩첩산중에 화장실을 찾을 리도 만무하고 21살 밖에 안 된 여자 아이한테 망 봐달라고 하고 볼 일을 볼 수도 없었습니다.

쇼수에게 각인된 좋은 한국사람 이미지를 제가 한방에 '똥 싸 게'로 바꿔버릴 수도 있다는 불안한 생각에 다음에 미얀마를 찾을 한국 사람을 위해서라도 절대로 버텨야 한다는 애국심 ? 마져 불타올랐습니다.

용트림 소리가 점점 더 우렁찹니다. 그렇게 용가리는 제 안에서 서서히 그 위용을 드러내고 있었던 것이지요. 뱃속에서 용가리가 용트림을 할 때 마다 쇼수가 뒤돌아보며 묻습니다.

"아유 헝그리~??"

착하기만 한 쇼수는 아쉽게도 눈치는 없었습니다. OTL

산길을 지나 평지가 나오고 저 말고 트레킹을 하는 다른 팀들도 보입니다.
상황은 걷잡을 수 없을 정도로 급박해져만 갔어요.
이제는 다국적으로 한국인 이미지를 '똥 싸 게'로 만들 수도 있다는 생각에 항문에 온 힘을 쏟았습니다.

'오... 오,,, 옷! 주여~ 제발~'

점심을 먹기 전 잠깐 들른 상가입니다.
이곳도 트레킹을 하는 사람이라면 한 번씩 들러 가는 방앗간 같은 곳인
데 용가리와 씨름하느라 사진을 달랑 요거 한 장 찍었어요.
그때의 긴급했던 순간이 사진에 고스란히 표현되었는데 느껴지시나요?
"죄송합니다. 이걸 사진이라고……."

미얀마 티 러페이 한 잔 400짯

드디어 초등학교가 보입니다.
"올 레~~"
절로 최고에 감탄사가 터져 나와요.
드디어 용가리와의 사투에서 힘겨운 승리를 거두고 가벼운 발걸음으로
다시 트레킹에 임할 수 있게 되었습니다.

제가 그렇게 가고 싶어 하던 인뗑으로 가는 표지판
이 보입니다. 1박 2일 트레킹을 선택한 이유가 눈앞
에 보이는 듯 했어요.

용가리 때문에 서두른 발걸음 덕에 일등으로 제티에
도착합니다. 인뗑에는 언제 가느냐고 물어보니 여기
가 인뗑이래요.
"뭐라구? 그럼 유적지는 어디 있는데?"

이제야 뭐가 잘못 되어도 한참 잘못 됐다는 것을 알았습니다.
그제 한국에서 인떼이 유적지로만 알고 쌤 아저씨에게 트레킹 예약할 때
인떼만 가면 트레킹 코스는 어디로 가든 "OK"라고 말하고 있는 제 모습
이 생생하게 떠오릅니다.

이제 와서 말을 바꿀 수도 없고 어제 저녁에 보트 예약도 해서 이제 같
이 타고 냥쉐로 가야 하는데 그럼 유적지는 어디 있냐고 물으니 저 멀리
산 속을 가리킵니다.

오늘 둘러볼 수 없음이 아쉽지만
아직 제 미얀마 여행이 끝난 것
이 아니기에 아쉬움을 뒤로 하고
밥을 먹습니다.

인레 입장비 5불

저랑 같은 보트를 쉐어하기로
한 프랑스 아가씨 중 한명이 오
는 길에 발목을 삐었다고 해요.
덕분에 저와 쇼수는 한참을 기
다린 후에야 보트에 오를 수 있
었습니다.

미얀마에서 트레킹을 하시려면
미끄럽지 않고 발목까지 보호가
되는 등산화를 신으시는 게 안전 할 것 같아요. 비가 오는 날엔 특히 바
위가 미끄러워 발목을 다칠 위험이 많습니다.

방수팩을 씌운 가방은 하늘에서 떨어지는 빗줄기는 막아줘도 배에 고이는 물에는 속수무책일 것 같아서 입고 있던 우비로 가방의 아래쪽을 감싸고 그냥 비를 맞으며 보트에 탑니다.

얼마나 가야 하나고 물으니 1시간 반 정도 이동한다고 해요. 혹시라도 내일 아침 감기가 찾아올까 살짝 걱정이 되긴 하지만 좀 전에 벌이던 사투를 생각하면 이 정도 추위쯤이야 참을 만합니다.

그저 아쉬운 건
인레의 데칼코마니를
볼 수 없다는 것입니다.

냥쉐에 도착할 즈음엔 윗니와 아랫니가 부딪치고 있었어요.

쇼수가 예약해놓은 숙소가 있는지 물어 보는데 날도 어두워지고 추워서 멀리가고 싶지 않았기에 가까운 곳에 괜찮은 숙소를 추천해 달라고 했습니다. 쇼수가 추천해준 집시인은 가까운 곳에 있었어요. 후덕한 사장님께서 저렴한 가격에 방을 보여주셨는데 방도 넓고 깨끗해서 이틀을 묶기로 했어요.

저는 이제 편히 쉴 수 있는 공간이 생겼지만 쇼수는 다시 버스를 타고 껄로로 이동을 해야 해요. 내일 또 다시 힘든 트레킹가이드를 하기 위해서……

"나 방에 짐만 내려놓고 나올 테니 잠시 기다리고 있어!"
흠뻑 젖은 몸으로 비오는 거리를 또 다시 걸어가야 할 쇼수를 생각하니 따뜻한 것이라도 먹여 보내고 싶었습니다.

근처 레스토랑에 들어가 따뜻한 커피를 두 잔 시키고 쇼수에게 팁으로 10,000짱을 건넵니다. 팁이 너무 많다고 애써 거절하는 모습에 진심이 묻어나기에 하나도 아깝다는 생각이 들지 않아요.
트레킹을 하면서 너무 맛있는 밥을 챙겨줘서 팁으로 5,000짱 정도를 줄 생각이였는데 어제 저녁 쇼수의 아이디어로 보트를 쉐어해서 10,000짱을 돌려받았으니 저는 원래 팁으로 주려던 5,000짱이 굳었고 쇼수는 원래 팁으로 받을 수 있던 것보다 5,000짱을 더 받게 되었네요.

"만약 내가 다시 트레킹을 위해 껄로를 찾는다면
그건 아마 너를 만나기 위해서 일거야~"

집시인 방값 이틀 20,000짱
쇼수 팁 10,000짱
커피믹스, 미얀마 타코야끼 같은 과자는 쇼수가 사 줌.
론드리 써비스 반팔티 두 개 400짱, 반바지 두 개 600짱
쉐낭에서 양곤까지 내일 모래 오후 5시 버스 예약 15,000짱

미얀마의 미소,
그리고 나만의 로맨스

아침에 일어나 어제 자전거로 갈 수 없었던 길을 아침 산책 겸 걸어가 봅니다.
정겨운 마을이 나타나고 허름하지만 사람 사는 집도 보이고
이른 아침 일나가는 사람들도 보입니다.
"밍글라바~~"
마주치는 한 사람 한 사람마다 제가 먼저 인사를 해 봅니다.
그러면 쑥스러워하면서도 어찌나 환한 미소를 보여주는지.......
그 미소들에 중독되어 계속 밍글라바를 입에 달고 다니는 중입니다.^^
마음 속 까지 환하게 바뀌는 느낌.......
미얀마 여행의 본전은 오늘 아침에 다 뽑는 것 같습니다.

거의 원두막 수준이지만 이래봬도 어엿이 사람 사는 집입니다.
내나무로 엮어 만드는 벽이 인상적인데 어떤 효과가 있을까요?
일단 비는 확실히 샐 것 같고... 벌레도 틈틈이 알을 까겠죠...
우리네 생활에 익숙한 사람에겐 절대 살 수 없는 집의 모습입니다.

무엇을 그리 실어 나르는지 이른 아침부터 쉴 새 없이 보트들이 지나 다닙니다.
근데 또 망해버렸습니다. 어제 지나가지 못했던 좁은 다리를 지나
겨우 30m 정도 더 가니 이번에 더 폭이 넓은 지류가 나타나는군요.
게다가 다리도 없고...... 주변에 있던 아저씨들에게
돌아가는 길이 있는지 물었더니...... 없답니다. 뭡!!!

길이 막혀 할 수 없이 돌아오는 길인데 여자 아이들이 하나씩 집에서 나오더니
무리를 지어 앞서 걸어갑니다. 가는 방향으로 보아하니 냥쉐로 가는 것 같고
아마 중학생쯤으로 보이더군요. 도시락도 하나씩 들고 갑니다.
그런데 책가방이 안 보이네요...

뒤따라가며 살포시 사진을 찍어 봅니다.
여자 아이들은 고개를 돌려 흘깃흘깃 쳐다봅니다.
그런데 가야할 길이 하도 멀어 이내 관심을 끄고 제 갈 길을 걸어가는데
유독 한 여자 아이만이 가장 뒷줄로 빠지더니 뒤를 돌아 자꾸 저를 쳐다봅니다.

한참을 돌아보며 미소 지어 주는데 어찌나 예쁜지 저도 살짝 미소로 답례하면서
도 가슴이 뜁니다. 태어나서 그렇게 예쁘게 웃는 사람은 처음 봤을 정도로 마음
을 사로잡는 미소였습니다. 여자 아이는 반복해서 돌아봅니다. 무슨 의미를 담고
있는지... 저에게 계속 웃음지어 보이는데 여자 아이의 미소를 보고 있자니 제
가 오히려 수줍어지네요.
냥쉐 마을까지 거의 20분 정도 걸어가는 길인데...
아쉬울 정도로 시간이 잘 갑니다.

사진 한 장 찍어도 되겠냐고 몸짓을 하자 기다렸다는 듯이
선선히 뒤돌아서 포즈를 잡아주더군요.
사진으로는 그 아름다웠던 미소가 표현이 되지 않아 아쉽습니다.
여자 아이에게 학교 가는 길인지, 이름이 뭐인지, 나이는 어떻게 되는지...
간단하게 영어로 물어봤지만 영어는 한마디도 모릅니다.
주소라도 받아왔으면 사진이라도 보내줄 수 있었을텐데...
가볍게 산책하느라 카메라만 달랑 들고 나가서
필기구가 아무것도 없었습니다.
어느새 발걸음은 쉐냥 마을 입구에 다다르고
혹시 주소라도 받을 양으로 숙소로 뛰어 들어가 메모지를 가져왔지만
그새 여자 아이는 사라졌더군요.

그렇게 인레호수에서의 짧았던 저만의 Romance는 끝이 났습니다.^^;;
누군가 미얀마에서 가장 소중했던 시간을 꼽으라 한다면,
단연 이 날 아침 산책길을 말할 수 있게 되었습니다.
그 여자 아이의 미소만으로도 행복했던 여행길.
잊지 못할 것입니다.
조금 있다 알아챘는데 미얀마에선 학생이라면
모두 초록색 치마를 입고 다닙니다.
책가방도 없이 도시락만 들고 다니는 건 어딘가 일하러 가는 모습인 듯합니다.
여자 아이가 사는 곳이 참 못살던 동네던데 혹시 학교도 못 다니고
일하러 다녀야 한다면 마음이 너무 아플 것 같습니다.

미얀마 여행, 그 후의 이야기
인레호수의 연인을 찾다.

우리나라로 들어온 지 대략 일주일.......
인레호수에서 본 소녀의 미소가 머릿속에 계속 그려집니다.
그러던 중!! 다이빙 친구 쑤뇨씨가 곧 미얀마로 휴가를 떠난다는
사실이 생각납니다.
"아~!!! 빙고, 쑤뇨씨 보고 한번 찾아봐 달라 해야겠다.ㅎㅎ"
부랴부랴 인레에서 찍은 사진들을 인화하고, 쑤뇨씨의 출국 전날 점심시간에 잠
시 불러내어 자초지종을 설명해 줬습니다.
"미얀마의 미소, 그리고 나만의 로맨스" 편에서 만난 소녀가 있는데...
어쩌고저쩌고... 그러니 꼭 찾아봐...!!!
대충 인레의 약도와 소녀를 만난 장수를 그려주고 찾아보라는 미션을 건넸습니다.
쑤뇨씨도 무척 신나하며 미션 제의를 받아들입니다.

쑤뇨씨가 인레호수에 도착하여 찍은 사진입니다.
제가 갔을 땐 하늘이 참 맑았는데…….
쑤뇨씨가 찾은 날은 우중충하군요.

쑤뇨씨는 제가 알려준 지점에서 동네 사람들을 붙들고
제가 인화해 준 사진으로 소녀를 찾습니다.
대충 30분 정도를 헤매다 드디어
그 소녀가 살고 있는 곳을 아는 사람을 발견!!
그런데 강을 건너야 한답니다. 다리도 없는데…….
쑤뇨씨는 지나가는 보트 한 대를 붙잡고 건너게 해달라 했다네요.

그 소녀는 건너편 마을에 살고 있는 것이었습니다.
보트 아저씨에게 약간의 사례금을 건네고
강을 건넌 쑤뇨씨, 계속 미션을 수행합니다.

아는 사람을 찾다가 귀여운 꼬마 아이들이 보여 사진도 찍어주고,
아이들 사진을 찍어 주다 보면 옆에서 지켜보던
엄마와 누나도 수줍게 다가와 사진을 부탁합니다.

그러다 보면 먼발치에서 호기심만 담아 구경하던 사람들이
용기내어 다가와 또 사진을 부탁합니다.
순박한 인레 사람들의 미소...
보기만 해도 흐뭇해집니다.^^
도우미를 자처하고 삼삼오오 모여든 마을 주민들,
집들이 뿔뿔이 흩어져 촌락을 이루고 있지만,
거주하는 사람들이 많지 않아
금방 소녀를 아는 사람을 만날 수 있었습니다.
길은 빗물로 인해 질퍽거리고 신고 다니던 쪼리 끈도 끊어져
쑤뇨씨는 맨발로 소녀를 찾아다니는 중입니다.

드디어 소녀의 집을 찾아내었습니다.
친절하고 밝은 인레의 사람들과 함께 길을 찾는 일이
너무나 즐거웠다는 쑤뇨씨...
어렵지 않게 찾아 다행입니다.

쑤뇨씨가 소녀를 찾아왔을 땐,
여자 아이는 일을 나가고 집에 없었다고 합니다.
걱정하던 바가 그것이었는데... 눈시울이 붉어집니다. ㅠㅠ
뜻하지 않은 외국인이 찾아왔다는 소식을 전하고
소녀를 부르기 위해 누군가가 부리나케 냥쉐로 뛰어 갑니다.
그동안 소녀의 가족들로 추정되는 사람들과 말은 통하지 않지만
바디랭귀지를 통해 대화를 나눠봅니다.

아주 듬직한 우량아를 안고 있는 아주머니,
아이 머리가 큰 걸 보니 동병상련의 아픔을 느낍니다. ㅠ.ㅠ

외국인이 놀러왔다는 소식을 들은 마을 사람들도 하나둘씩
모여 들어 쑤뇨씨가 무얼 하는지 구경합니다.
호기심 어린 사람들의 시선,
부담스럽기보다는 즐거움으로 느껴집니다.

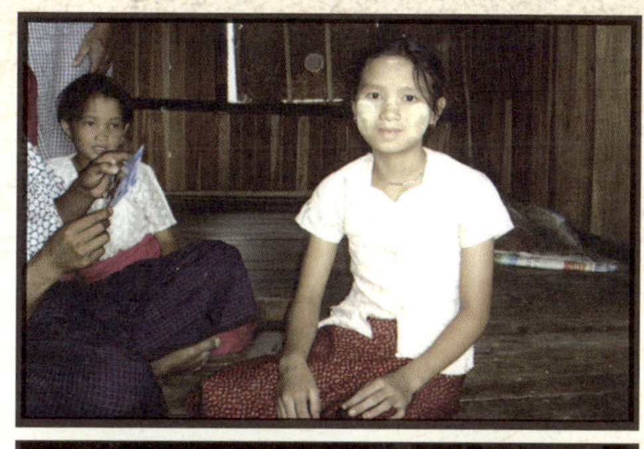

드디어 반가운 얼굴이 나타났습니다.!!!

그런데 알고 있는 대로 영어는 한마디를 못합니다. 주변의 다른 사람들도 마찬가지랍니다.

하지만 의지의 쑤뇨씨! 어찌어찌 해서 여자 아이가 열 세 살이라는 사실과 토마토 공장에서 일하고 있다는 사실까진 알아냈습니다.

내 그럴 줄 알았습니다. 그 무식하게 생긴 토마토 공장들이 의심스러웠습니다.

토마토 냄새도 어찌나 진동을 하는지...

학교도 못 다니고... 한 달에 버는 돈은 얼마나 될까요...

미얀마 공무원의 한 달 봉급이 50달러 정도 된다 하는데...

어린 여자아이는 그보다 훨씬 못하지 않겠습니까?

미얀마의 학비는 1년에 2~5달러 정도 된다 합니다.

그 돈이 없어 꽃처럼 여린 아이가 막일을 하러 다녀야 하는 사실이 안타깝기만 합니다.

소녀의 아버지와 함께 찍은 모습입니다.
저에게 보여준 미소는 아무 때나 보여주는 게 아닌가! 봅니다.
사진 중에 그렇게 웃는 모습이 없네요.

쑤뇨씨는 여자 아이와 같이 보트를 타고 마을로 돌아왔습니다.
여자 아이는 다시 일터로 돌아가고...
보트 안에서 쑤뇨씨의 손목시계를 부러워해서 마음이 아팠다던데...
선물로 받은 것이라 주지 못하고 대신 걸고 있던 귀고리를 선물했다는
멋쟁이 쑤뇨씨!!! 참 고맙네요.

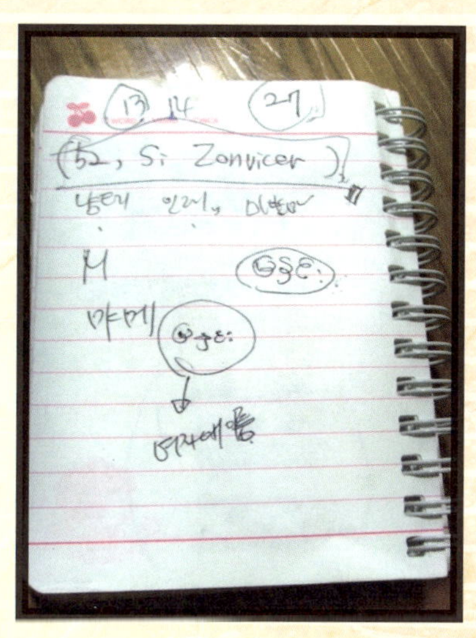

쑤뇨씨가 어렵게 어렵게 받아온 여자아이의 주소와 이름입니다.
그런데 영어가 서툰 사람으로 받은 주소라 그런지 저런 주소는 없다고 하네요.
여자 아이의 이름은 "마흐닝"
이 이미지 그대로 네이버 카페 "미야비즈"란 곳의 도움을 받았습니다.
한 달에 3만원 정도 후원하면 여자아이를 힘든 일하지 않고도 학교에 보낼 수
있을 텐데…….
몇 군데 경로로 알아본 바로는 미얀마에선 돈을 송금해도 중간에 끊어 먹는 일
이 다반사고 돈이 제대로 전달된다 해도 지속적인 감독이 없는 한 아이가 학교
에 제대로 다닐 수 있을지 미지수라고 합니다.
그래서 그냥 아주 가끔 작은 선물이라도 보낼 수 있었으면 좋겠습니다.
미얀마 여행과 인레호수 방문을 계획하시는 분 중에 혹시 가능하신 분 계시면
말씀해 주세요! 너무 자주 사람들이 찾아가면 아이의 삶에도 그리 좋지 않을 것
입니다.
뜻 있으신 분의 연락을 기다리고 있겠습니다.^^

미얀마 인레호수의 인연
3년 만에 다시 찾은 이야기

한동안 잊고 있었습니다. 바람처럼님의 미얀마 여행기를 볼 때
문득문득 그 소녀의 기억이 떠올라 입가에 미소 짓곤 했지요.
어느 날...
이전에 작성했던 포스팅에 댓글이 하나 달렸습니다.
미얀마 여행을 계획 중이신 분이 제 바람을 들어주시겠다고...
여행 떠나시기 이틀 전에야 겨우 연락이 닿아 부랴부랴 소녀를 위한
몇 가지 선물을 준비했습니다.

이전에 다른 분께 부탁드린 적이 있었는데. 때마침 미얀마 유혈 사태가 터져
입국을 하지 못하고 2차 원정은 실패로 끝나버렸지요.

딱 3년 만의 3차 원정이었습니다.
사진으로 보는 인레호수는 그때나 지금이나 평온한 아름다움을
그대로 간직하고 있군요.

이번에 저에게 도움을 주신 아라님은 쉽게 소녀의 집을 찾은 것 같습니다.
1차 원정 대원이자 대장이었던 쑤뇨씨로부터 정보를 잘 받아뒀거든요.ㅎㅎ
하지만 역시나 소녀는 집에 있지 않고 일을 나간 상태였다고 합니다.
3년 전과 마찬가지로 손님이 오니 한 사람이
토마토 공장으로 소녀를 데리러 갔습니다.

요 녀석 많이 컸네요. ㅎㅎ
아이 어머니 손에 들려 있는 사진은 1차 원정대 때 찍은 사진입니다.
어찌 보면 머리통은 작아진 것 같기도 합니다.ㅎㅎ

손님이 찾아 왔다는 소리에 또 동네 친척들이 다 모여 들었나 봅니다.
이전 사진에서 본 듯한 얼굴들도 보이네요.

소녀가 오기 전에 가족들이 꽃단장하고
스튜디오에서 찍은 사진들도 보여주더랍니다.
이런 사진 저에게 전해 주라고 하여 받아오셨다는데,
아직 받지는 못했네요.

미얀마의 화장품인 다나카를 갈아내는 것 같습니다.
다른 사진 보니 아라님 얼굴에 다나카가 잔뜩 발라져 있더군요. ㅎㅎ

드디어 기다리고 기다리던 소녀가 도착했군요.

밝은 모습을 보니 마음이 놓입니다.

이전에 쑤뇨씨가 적어온 쪽지엔 '마흐냥'이란 이름을

가지고 있었던 것 같은데. 집에선 '닌닌'이란 이름으로 부르더랍니다.

3년 전 모습보다 살이 좀 더 붙은 것 같지요?

쑤뇨씨가 찾았을 때 손목시계를 가지고 싶어 했다는데 이제야 전달해 주었네요.

그리 좋은 시계는 아니지만, 그냥 마음이 중요한 것 아니겠습니까?^^

다음엔 뭘 선물하면 좋을지 생각 좀 해 봐야겠습니다.

둘째 날에는 닌닌의 오빠가 모는 보트 투어를 했다고 합니다.
닌닌도 동행하여 한나절 투어를 했다고 하네요.

식사도 대접받은 것 같습니다. 현지인들과 이렇게 어울리는 여행……
정말 부러운 일인데 말이죠.
넉넉하지 못한 형편일텐데… 한상 가득 차려 나왔네요.
미얀마 사람들도 손님 대접하는 일을 굉장히 중요시 여긴다고 합니다.
마지막 빠이빠이…….
아라씨에게도, 닌닌과 그 가족에게도 행복했던 시간이었길 바랍니다.
아라씨가 돌아온 후 아직 만나 뵙지 못하고, 메일로만 들은 이야기인지라 내용
이 듬성듬성합니다.
그냥 반가운 마음에 이렇게 서둘러 글을 올립니다.
제가 아라씨에게 가장 강조했던 게, 제 사진을 보여주고 이 사람이 보낸 거라고
생색 내달라 했는데 잘 전달해 주셨을지 모르겠네요.ㅎㅎ
아무튼 이제 4차 원정대를 모집합니다. 주소가 없는 곳이라 우편으로 무얼 보낼
수는 없다고 하네요. 혹시 미얀마 여행을 계획 중이신 분 계시면 제 부탁 하나
만 들어주십시오!

피그말리온 효과 "기대한 대로 이루어진다"

그리스 신화에 등장하는 키프로스의 왕 피그말리온은
여성들의 결점을 너무 많이 알기 때문에 여성을 혐오했으며,
결혼을 하지 않고 한 평생 독신으로 살 것을 결심한다.
하지만 외로움과 여성에 대한 그리움 때문에 아무런 결점이 없는
완벽하고 아름다운 여인을 조각하여 함께 지내기로 하였다.
그는 이 조각상에게 옷을 입히고 목걸이를 걸어주며 어루만지고 보듬으면서
마치 자신의 아내인 것처럼 대하며 온갖 정성을 다하였다.
어느 날 대답 없는 조각상에 괴로워하던 피그말리온은
아프로디테 제전에서 일을 마치고 신들에게 자신의 조각상과 같은 여인을
아내로 맞이하도록 해 달라고 기원했고, 여신이 피그말리온의 사랑에 감동하여
조각상을 사람으로 환생시켜 주었다.

08
닌닌과 그 가족들을 만나며,,,
인레 첫 날
myanmar
인레

숙소에서 뜨거운 물로 샤워를 마친 후 사진과 선물을 전해주러 닌닌을
찾아 나섭니다. 저는 SLR클럽의 BossinY님의 4차 원정대가 되어 인레
에 온 것이지요.

쇼수가 저에게 인레에 가서 뭘 하고 싶으냐고 물었을 때
"난 인레에 가서 닌닌이란 이름의 아이를 찾을 거야"라고 말했는데
절대로 찾지 못할 거라 하더군요.
미얀마에선 닌닌이란 이름이 굉장히 흔한 이름이라고 자신의 친구 중에
도 닌닌이란 이름을 가진 친구가 둘이나 있다고 말해 주었어요.

한국에 돌아와서 알게 된 사실인데 인레에는 약 13만 명의 사람이 살고
있으며 그 중 호수 주변에만 약 7만 명이나 되는 사람들이 살고 있다고
합니다.

피그말리온 효과
"기대한 대로 이루어진다."

BossinY님이 론리플렌에 닌닌이 사
는 마을에 대략적인 위치를 콕 집어
주셔서 어렵지 않게 닌닌의 마을 근처까지 왔습니다.
진짜 처음 말을 걸었어요.
사진에 우산을 쓰고 있던 아주머니께 닌닌의 독사진을 보여주고 아냐고
물어봤는데 알고 있다고 따라 오랍니다. 단 한 번에 물었을 뿐인데 너무
쉽게 미션을 수행하는 기분입니다.

아주머니를 따라 좁은 골목을 누비며 '룰루랄라' 한참을 따라 갔는데 도
착한 곳은 아주머니의 집이었어요.
"우리 집에서 밤이나 먹고 가~"
"Oh my god!!!"
시간이 없어서 죄송하다고 공손하게 말한 뒤 도망치듯 좁은 골목을 빠져
나와 큰 길을 혼자 걷고 있는데 조금 늦게 뒤따라 나오신 아주머니가 제
가 가지고 있던 사진을 달라고 하시더니 지나가는 사람들을 붙잡고 제
대신 닌닌을 물어물어 찾아 줬어요.

좀 전에 아주머니 집 앞에서 버릇없이 굴었다면 어떻게 됐을까 생각하니
아주머니께 괜히 죄송한 마음이 듭니다.

"역시 사람은 착하게 살아야 복을 받는 것 아닐까요?"

이 집에 들어가서 기다리면 닌닌을 불러다 준다고 했는데 집에 들어가
보니 사람은 많은데 제가 알고 있는 닌닌의 가족들 얼굴이 하나도 보이
질 않아요.
'설마 또 밥 먹고 가라는 건 아니겠지?'

혼자 걱정을 하고 있는데 닌닌이 나타났어요.
사진에서 보았던 그 모습 그대로…….
닌닌이 한국에서 남자가 찾아왔다는 말을 들었을 땐 BossinY님이 아닐까
하는 기대를 하고 왔을 텐데 저를 보고 실망 하지 않았으면 좋겠습니다.

닌닌은 작년 겨울에 시집을 갔습니다. 그녀의 나이 17살에…….
소녀에서 여인이 되어 버린 닌닌의 신혼집은 따로 있고 이 집은 아무래도
시댁 같은데 제가 떠나고 죄 없는 닌닌이 혼나지나 않을까 걱정입니다.

한국에서 '외국 남자가 남편 시댁에서 나를 기다리고 있다면?'
'외국 남자가 내 아들 며느리를 찾아 내 집에 찾아 왔다면?'
사채를 끌어다 쓰지 않는 이상 불가능한 상황 같은데요.

TV시청을 하고 있는 것으로 보아 시댁이 좀 사는 것 같아요. 전원 플러그
와 전자제품으로 보이는 물건들이 보입니다.
닌닌에게 BossinY님의 사진과 선물을 전해주고 닌닌의 큰 오빠를 찾았
습니다. 닌닌의 큰 오빠는 영업용 영어회화가 가능하다는 것을 익히 들
어 알고 있었거든요.

아무래도 제가 본방사수 해야 하는 드라마 시간에 찾아간 걸까요? 드라마
인기에 밀려 방 한쪽 구석에서 아이들 사진을 찍기 시작합니다.
얼마쯤 지났을까요. 닌닌의 큰 오빠 이하 코토우 가 왔어요.
딱 제 수준에 맞는 영어를 구사하더군요. 콩글리쉬와 밍글리쉬의 두 번
째 만남이었습니다.

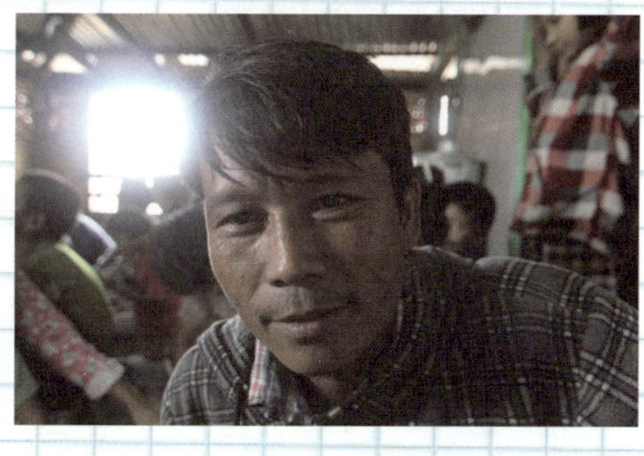

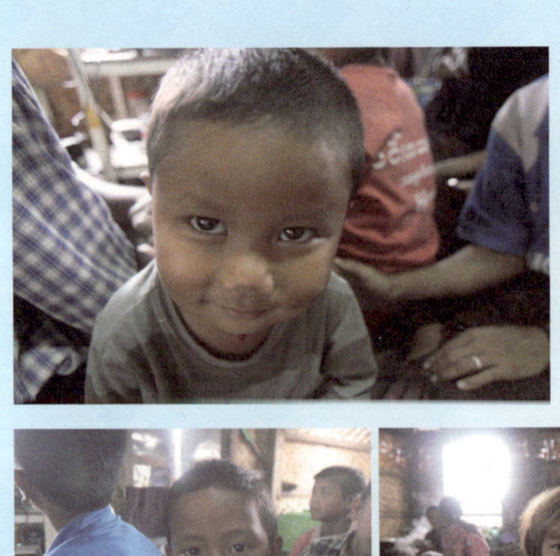

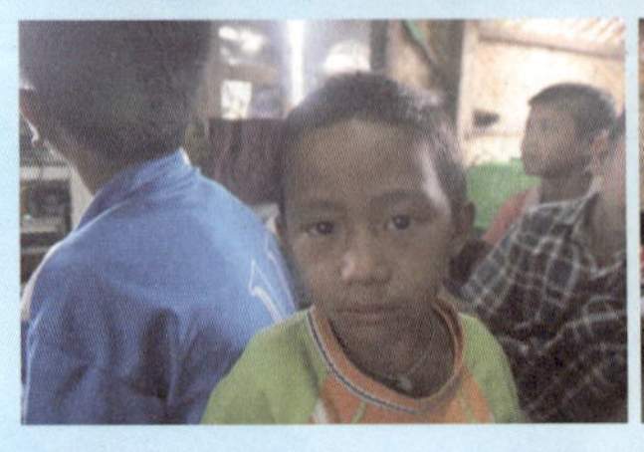

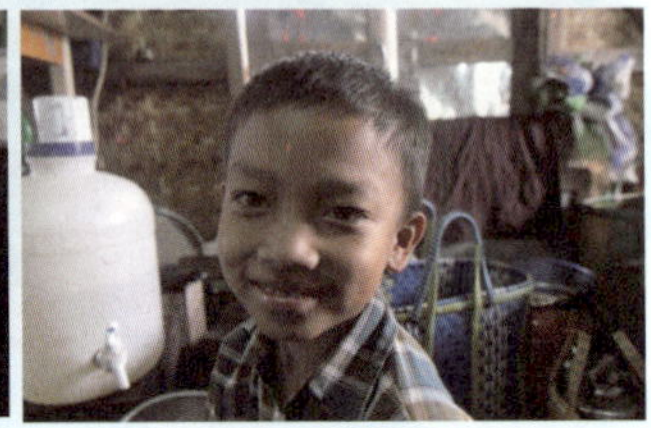
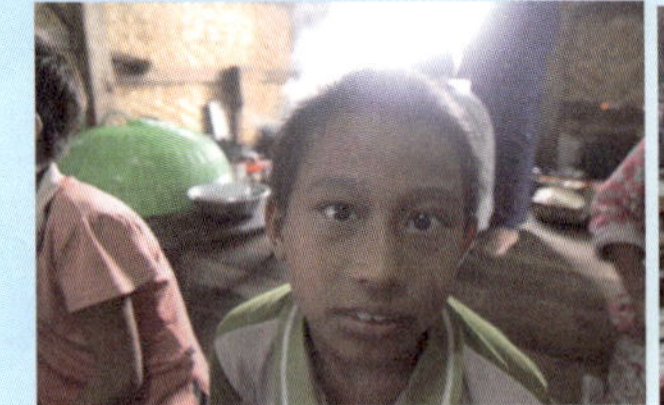
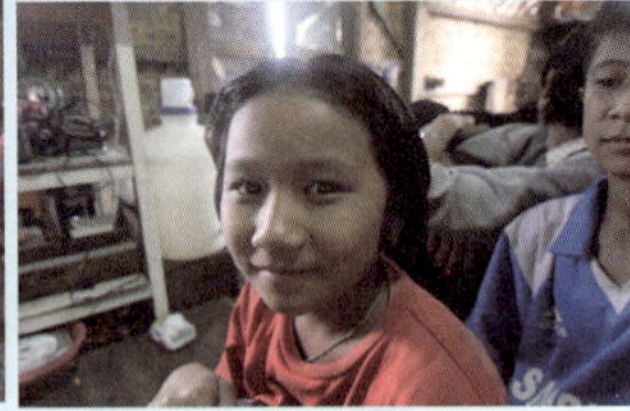

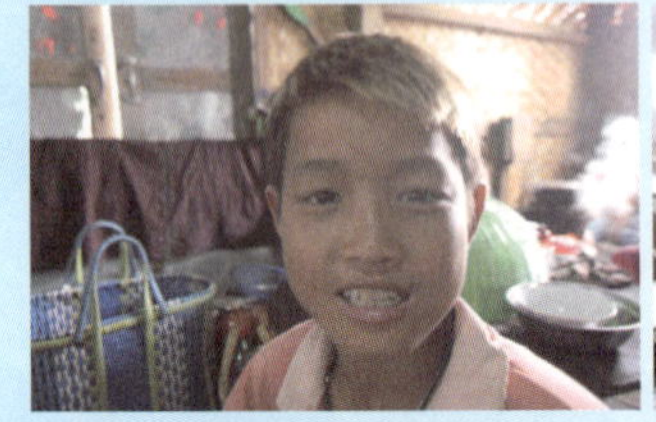
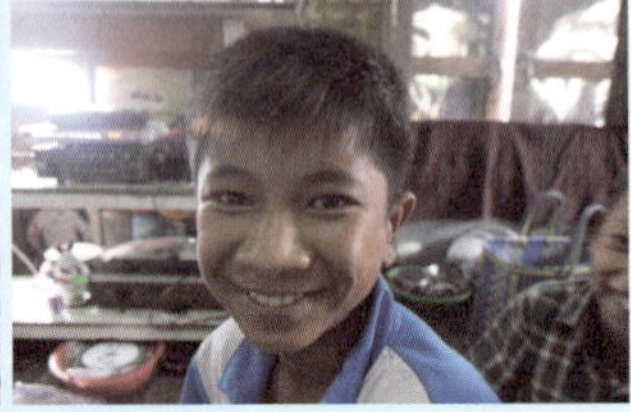

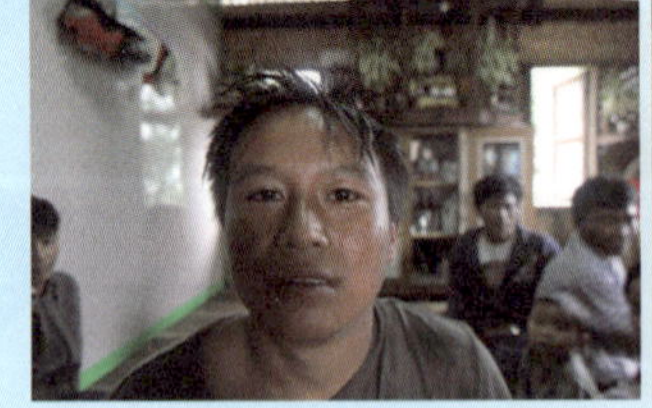

닌닌의 시댁
Famiy

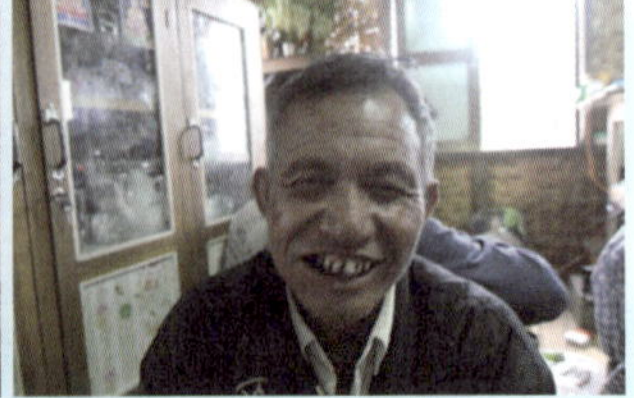

사진에서 보이는 잘생긴 이 친구가 닌닌의 남편이이라고 코토우가 소개시
켜주는데 저는 마음이 무겁습니다.
닌닌의 결혼 소식을 BossinY님께 어떻게 전해야 하나 하는 마음도 들고
혹시나 서운해 하시면 어떡하지? 하는 생각들이 꼬리에 꼬리를 뭅니다.

한국에 돌아와 BossinY님께 사진과 함께 닌닌 가족들의 근황 소식을 보
내드렸는데 너무 좋아하시기에 저 혼자만에 기우였다는 걸 알았습니다.
먼저 이곳을 다녀가신 1차, 3차 원정대 분들은 저녁도 얻어먹고 다음날
닌닌과 보트 투어도 같이 하고 했는데 저녁시간이 되어 가는데 저한테는
밥먹고 가라는 말을 아무도 해주지 않습니다.
코토우가 계속해서 차만 따라줬어요,

"한국에서 여기까지 왔는데 너 지금 나 물 먹이는 거야?"

지금 생각하면 저 보다도 더 애태우고 있는 건 코토우였어요.
여동생 기껏 시집보내 놨더니 말도 안 통하는 한국에서 사내놈이 선물
을 들고 나타나 처가도 아니고 여동생 시댁에서 저녁 늦도록 갈 생각도
안하고 버티고 앉아 차만 마시고 있으니……
그땐 몰랐지만 코토우 사진을 보니 그때의 심정이 느껴집니다.
'넌 눈치도 없냐?'

전 저녁을 못 얻어먹었으니 내일 보트 투어는 꼭 해야겠다는 오기가 생겼어요. 코토우의 대답은 기다리지도 않고 하고 싶은 이야기를 연거푸 쏟아냅니다.

"나 내일 보트 태워줘~"

"내일 아침 9시까지 나 데리러 와야해~"

"인떼 유적지도 가고 싶고 시장도 가고 싶고 난 가고 싶은 곳이 많이 있으니까 네가 꼭 데려다 주길 바래~"

닌닌이 듣고 있으니 마지못해 승낙하는 코토우의 표정은 이미 굳어있습니다.

'뭐 이런 녀석이 다 있냐!'

숙소까지 돌아오는 길은 코토우가 보트를 태워줘서 편하게 왔어요.

보트에서 내리며 내일 아침 9시에 이 자리에서 다시 만나기로하고 그냥 헤어지려다가 내일 보트 투어를 하는데 비용이 얼마냐고 조용하게 묻습니다.

보통 보트 비용이 하급 12,000짯 중급 15,000짯 스페셜이 18,000짯 정도 하는 걸 이미 알고 왔지만 그래도 코토우 입장에서 제게 돈 얘기를

꺼내기 어려울 것 같아 제가
먼저 말문을 열었어요.
코토우가 저보고 주고 싶은
만큼 말해보라고 하기에 저
는 20,000짯을 불렀습니다.
'나 이런 사람이야~'

보트가 떠날 때 코토우는 웃고 있었어요...
"아깐 장난쳐서 미안해~ 네가 나 물 먹여서 그랬어~"

그날 저녁 레스토랑에서 조용히 맥주를 즐깁니다.

혼자 하는 여행은 여러 가지를 생각하게 하는데
미얀마가 주는 고요함은 조금 더 특별해요.
그리운 사람들, 고마운 사람들 그리고 사랑하는 가족들
보고 싶어도 연락할 수 없으니 소중함이 절로 깊어집니다.

저녁 후라이 누들 1,500짯
칭 비어 캔맥 1,000짯

아들은
사춘기가되면 남남이 되고
군대에 가면 손님이 되고
장가가면 사돈이 된다.

아들을 낳으면 1촌
대학가면 4촌
군대 다녀오면 8촌
장가가면 사돈8촌
손자 낳으면 동포
이민가면 해외동포

딸둘 아들하나 금매달
딸둘 은매달
딸하나 아들하나 동매달
아들둘 목매달

장가간 아들은 희미한 옛 사랑의 그림자
며느리는 가까이 하기엔 너무 먼 당신
딸은 아직도 그대는 내사랑

출가한 자식
아들은 큰도둑
며느리는 작은도둑
손자는 좀도둑
딸은 예쁜도둑

남편이란
집에 두고 있으면 근심덩어리
데리고 나가면 짐덩어리
마주앉으면 웬수덩어리
혼자 내보내면 사고덩어리
며느리에게 맡기면 구박덩어리

잘난 아들은 국가의 아들
돈 잘버는 아들은 사돈의 아들
빚지고 못난 아들 내아들

미친여자란
며느리를 딸이라고 착각하는 여자
사위를 아들이라고 착각하는 여자
며느리남편을 내 아들이라고 착각하는 여자

재물관리
안 주면 맞아죽고
반만 주면 졸려죽고
다 주면 굶어죽는다.

- 인터넷 유머 -

09
코토우와의 보트 투어
인레 둘째 날 오전
myanmar
인레
Mail Art is
pushing the envelope

제 앞에 팔짱 끼고 있는 녀석은 료헤이입니다.
료헤이는 저를 만나고 감기몸살에 걸려 3일 동안 아무것도 못했다고 하는데 제가 보기엔 술병입니다.

오늘도 숙소에서 오후 12시까지 쉬다가 그냥 양곤으로 돌아간다기에 챙겨갔던 손난로를 하나 나눠줬어요.

오전 8시 30분 약속한 시간보다 일찍 코토우의 보트가 저를 데리러 왔어요.
코토우가 오늘 보트 투어는 닌닌도 함께 할 거라고 먼저 닌닌의 집으로 가자고 해서 내심 기대를 하고 있었는데 닌닌과 코토우가 잠시 동안 대화하더니 오늘은 함께 못갈 것 같다고 말합니다.
'설마 남편이 못 나가게 한 건 아니겠죠?'

그 대신 오늘 저녁은 자신의 집에서 먹자고 제의해 옵니다.
닌닌도 함께 할 거라고요.

보트 투어비 20,000짯

인레에는 5개의 마을에서 돌아가며 5일에 한 번씩 장이 서기 때문에
날마다 장을 구경할 수 있습니다.
코토우가 데려다 준 시장은 파웅도우 사원 옆에 위치한 시장이였어요.

시장으로 가는 길은 아찔합니다.
한발 한발 내 딛을 때마다 나무가 출렁이는데
마주 오는 사람이라도 만났다간 엉덩이로 테러도 할 수 있겠네요.

제 신발 광고가 생각납니다. '10만개가 넘는 통기구멍'
제 미얀마 여행의 구멍은 신발이였어요.

저희 어머니께서 항상 남의 집에 초대를 받으면 양손은 무겁게 마음은
가볍게 가라고 신신 당부를 하셔서 닌닌에게 줄 선물을 고르기 위해 시
장의 이곳저곳을 누비고 다니다 버마어로 된 영어 교제와 필기도구를 구
매 했습니다.

앞으로도 저 말고 5차, 6차 원정대가 올 텐데 닌닌이 간단한 회화만이라
도 할 수 있다면 정말 좋을 것 같다는 생각이 들었어요.
코토우가 없으면 말을 하지 못하니 답답한 것은 저보다도 닌닌일 테니까요.
앞으로 닌닌의 자녀가 태어나더라도 도움이 될 거란 생각을 하면
결코 나쁘지 않은 선택이였다고 생각합니다.

책 9권 4,500짯
노트 3묶음 2,000짯
연필 3다스 + 필통 + 지우개 3개 5,000짯

시장에 왔으니 한국에 있는 친구들 선물도 이곳에
서 고르기 시작해요.
그나마 옥으로 만든 팔지가 가장 마음에 드는데
바간에서 한번 경험한 터라
거래는 아주 쉽고 간결합니다.

조용한 목소리로 "완 따우전"
해설 : 저는 완 따우전에 이 팔찌를 사고 싶어요.

차분한 목소리로 "완 따우전"
해설 : 완 따우전이 아니면 안 살 거예요~

신중한 목소리 "완 따우전"
해설 : 이번에 안 팔면 난 옆집으로 갈 거예요~

팔찌 7개 7,000짯

시장에서 돌아오니 코토우와 사촌 동생은 한잔하고 있는데 한국에서 소
맥을 만들듯이 맥주에 위스키를 타고 있었어요.
얼떨결에 합석을 하고 저도 한잔하는데
어제는 물만 따라주더니 오늘은 술만 따라줍니다.

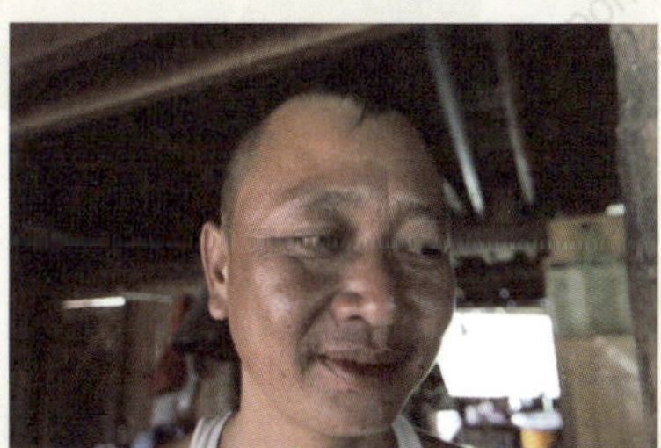

'안주는 없는 거냐?'
"Aung Myint Myot restaurant" 사장님
과 스텝으로 보이는 친구인데 사진을 찍어
도 되냐고 물으니까 저와 눈을 못 마주칩니
다. 몇 번을 찍어도 똑같습니다.
사진을 찍기 전에는 둘 다 그렇게 호감이 가
는 인상은 아니었는데 사진을 찍은 후에는
어딘지 모르게 귀엽다는 생각이 들었어요.
역시 사람은 겪어 봐야 아는 것 같습니다.

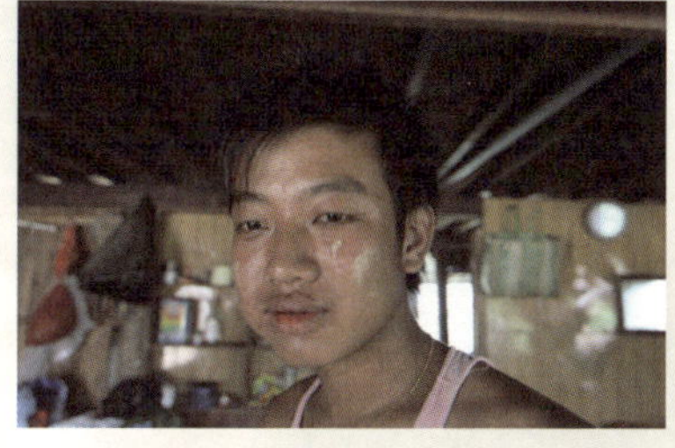

사장님이 사진을 찍어준 답례로 생선튀김
두 마리를 접시에 담아서 내어 주십니다.

"너 이런 것도 먹을 수 있냐?"
생선회를 먹는 나라 사람한테 생선튀김은 혐오 음식이 될 수 없는데
"생선튀김 좋아해요~ 더 주세요!"

예전에는 생선회를 먹는 나라가
일본과 한국 그리고 에스키모인
밖에 없다고 해요.
에스키모란 뜻이 '날고기를 먹는
사람들'이라고 하니 서양에서는
특이한 부류의 사람으로 취급되

어져 있지 않았나 싶습니다.

지금에는 일본이 스시를 세계 각국에 전파하면서 해외에서도 생선회를 먹는 외국인이 늘고는 있지만 그래도 국가적으로 회를 먹은 민족은 거의 없다고 하네요.

코토우의 사촌 동생이 저한테 좋아하는 아가씨가 있는데 제게 사진을 찍어서 줄 수 없냐고 조용히 부탁을 합니다. 보통은 아가씨의 동의를 얻어야겠지만 열에 아홉 안 된다고 할 게 뻔하고 짝사랑하는 사내의 심정을 모르는 것도 아니어서 가지고 있던 포토프린터로 몰래 현상해 주었어요.

술 한잔 들어간 김에 용기 있는 척 말을 건네 봅니다.

"내가 대신, 네가 좋아한다고 말해줄까?"

"자신 있게 말해봐!"

정작 본인도 장가를 못가고 부모님 걱정 시키고 있는 처지에 소개 받은 여자 앞에서는 말도 잘 못하면서 남 일에는 왜 이렇게 용감한지 모르겠어요.

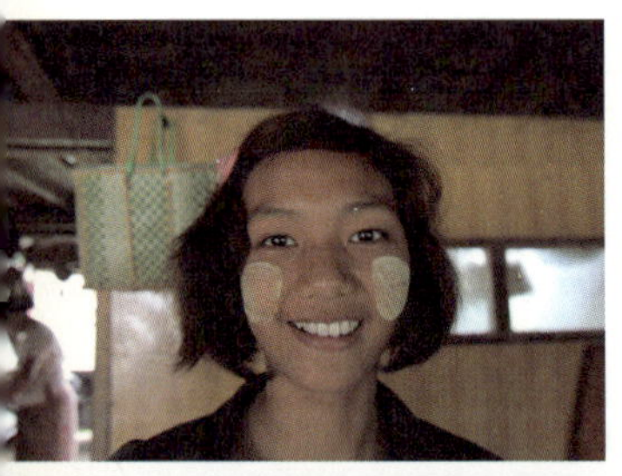
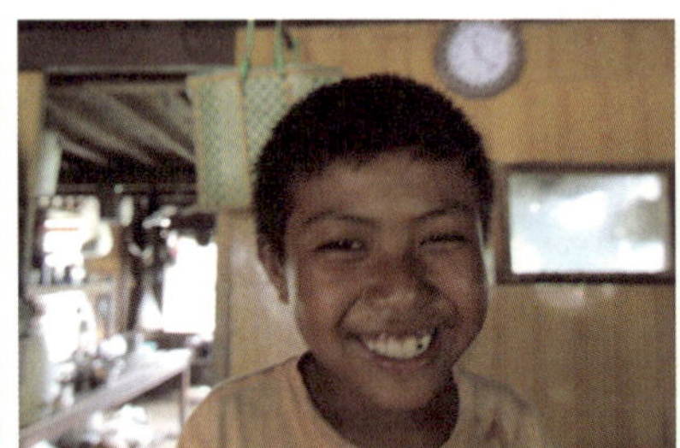

@Aung Myint Myot restaurant에서 만난 미소가 아름다운 사람들

연꽃으로 옷을 만드는 "hand weaving centre"입니다.
1층에서는 관광객에게 연 꽃으로 만든 스카프나 옷 등을 팔고 있고요.
2층에서는 연 꽃에서 연사를 뽑아내고 실타래를 만들어 베틀에서 옷을
만드는 과정까지 모두 볼 수 있게 만들어져 있었습니다.

하나 기념으로 살까 하다가 솔직히 세탁하는 것노 분제가 뇔 것 같고
아무래도 손으로 만들다 보니 다른 사람에게 선물하기에는 조금 부족한
면이 있어서 그냥 차 한잔 얻어 마시고 사진만 찍고 나왔어요.

@hand weaving centre에서 만난 행복이 묻어나는 사람들

꽁야는 일종의 피로회복과 각성제 역할을 하는 미얀마식 잎담배인데 그 효과에 대해선 의견이 분분합니다. 치아건강에 좋다는 사람도 있고 나쁘다는 사람도 있고 일단 저에게는 치아건강에 좋다고 코토우가 꽁야를 손에 쥐어 줍니다.

항상 볼 때마다 무슨 맛일까 궁금한 것도 있었고 치아건강에 좋다고 하니 일단 씹었는데 몇 번 씹었더니 박하향같이 상쾌한 느낌이 느껴졌어요.

침이랑 꽁야에서 나온 국물이 섞여 헛바닥이 점점 얼얼해 지기 시작하는데 이걸 마셔야 하는지 뱉어야 하는지 그때 마침 같이 씹고 있던 코토우 사촌동생이 국물만 뱉어 내는 모습을 보고 저도 따라서 국물만 뱉어 내고 다시 또 꽁야를 씹었습니다.

그렇게 씹고 뱉기를 여러 차례 반복한 후 삼키라고 해서 삼켰는데 제 꽁야의 첫 느낌은 강렬하면서 상쾌하고 혀가 얼얼한 느낌 이였어요.

다만 침을 뱉어 내는 모습과 치아가 빨갛게 물든 모습을 보았을 땐 때와 장소를 가려가며 씹어야 할 것 같습니다.

@Ko Shwe Ohe & Ma Mee Nge

미얀마에서도 유일하게 파인애플 잎으로 스위트 담배를 만드는 곳에 왔어요.
외국인들이 많이 오는 곳이다 보니 사진을 찍히는 데는 익숙해져 제가 카메라를 들고 이곳저곳 누비고 다녀도 묵묵히 자신에 일에만 열중하는 모습들입니다.

담배에서 풍기는 달콤한 향기가 여행객의 호기심을 자극합니다.
얼마냐고 물어보니 굵기가 씨가 같이 굵은 것은 한 곽에 4,000짯. 일반담배처럼 얇은 것이 한 곽은 3,000짯 하는데 담배를 꼭 사야 하는 이유가 없었기에 깎아주면 사고 안 깎아주면 안 사려고 흥정을 시작해 봅니다.
정가제라고 절대로 깎아줄 수 없다는 아주머니의 어깨를 주물러 드리고 재롱도 떨어가며 살갑게 대했더니 결국 3,000짯에 굵은 거 한 곽을 다른 사람 몰래 제게 파셨어요.

그런데 한국에 돌아와 뚜껑을 열어보았을 땐 얇은 담배가 들어있었습니다. 아주머니에게 꼼짝없이 당했다는 생각에 웃음이 절로 나와요.

담배 한 곽 3,000짯

가격흥정에 고군분투 하는 제 모습이 다른 외국인들 눈에는 재밌었는지
홍콩 아가씨가 먼저 같이 사진 찍어달라고 했어요.
아가씨가 부탁하니 기분 좋게 허락하고 사진을 찍는데 갑자기 일행으로
보이는 남자가 자신도 찍겠다며 달려듭니다.
태국 아저씨는 저를 꼭 다시 만나고 싶다고 이메일도 적어 주시네요.
이들 카메라에 백그라운드가 되어 몇 번을 더 찍어주고
연락처를 받았는데……

"이놈에 인기란 항상 이런 식입니다. 결정적으로 영양가가 없어요."

@Ko Shwe Ohe & Ma Mee Nge에서 만난 향기로운 사람들

점심 먹기 전에 식당 바로 옆에 있는 "U HLA PE & Family"라는 핸드메이드 액세서리 전문점에 들렀어요. 수작업으로 정성들여 만든 것 같기는 한데 아직 세공기술도 부족하고 장비도 열악해서 그런지 한국의 귀금속 전문점과 비교하면 제품의 정교함이 조금 아쉽습니다.

하지만 착한 가격에 핸드메이드라는 점이 마음에 들어서 어머니 선물을 여기서 구매하기로 했어요. 아들이 여행을 떠날 때마다 빈손으로 돌아온 게 서운하셨던지 이번 여행에서는 어머니 선물을 기억하라고 넌지시 표현하셨기에 이번만큼은 예쁜 선물을 사다드리려고 마음먹고 있었거든요. 30분 넘게 어머니께 선물할 귀걸이를 고르고 또 골랐습니다.

'어머니가 무슨 색을 좋아 하시더라?'

'딸랑이를 좋아 하시려나, 심플한 걸 좋아하시려나?'

'저렴한 물건이지만 아들이 사다 드리면 좋아하시겠지?' 하는 기쁜 마음으로 고르고 또 골랐습니다.

귀걸이 1셋 40,000짯

211

한국에 돌아와 제일 먼저 어머니한테 전화를 걸어 어머니 선물로 귀걸이를 사왔다고 비싼 건 아니지만 예쁘다고 말하고 있는데 어머니가 한마디 하십니다.

"엄마 귀 안 뚫었다!"

악~~~!!! 

이래서 아들 낳아 봐야 소용없다고 하는 것 아닌가 모르겠습니다.

@U HLA PE & Family 어머니 귀걸이를 애써 같이 골라 준 직원들

@Soe San Kaung restaurants

저한테 무얼 먹을지 고르라고 해서 토마토 샐러드와 후라이드 치킨을 시켰는데 시키지도 않은 음식들이 이것저것 계속해서 나옵니다.
그리고 맥주도 떨어지기가 무섭게 계속 가져다 줬는데 나중에 가져다 준 계산서에는 제가 시킨 것만 금액이 적혀 있었어요.

"Aung Myint Myot restaurant"에 이어 여기서도 코토우가 미리 선불로 계산을 했다고 했어요.

"쌩유 코토우~"

점심값 6,000짯

@Soe San Kaung restaurants
미얀마에서 처음으로 치킨에 맥주를 먹게 해 준 레스토랑 직원들

We are a family

나는 운이 좋았을 뿐이고 당신은 운이 나빴을 뿐입니다.
단지 그것뿐입니다.

내가 태어난 것이 내 스스로의 노력이 아니었듯
내가 잘난 것도 아니고 네가 못난 것도 아닙니다.
단지 출발선이 달랐을 뿐입니다.

나와 네가 다르지 않음을 알았을 때
우리는 친구가 되고 가족이 될 수 있습니다.

10

인연 그리고 만남

인레 둘째 날 오후

myanmar

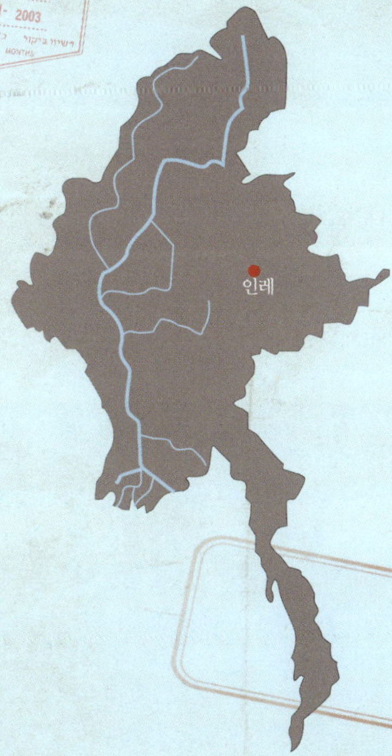

점심 식사 후에 제일 먼저 들른 곳은 "인뗑"입니다.
제티에 보트를 대고 저보고 슬슬 올라갔다가 내려오라는 말을 하고
코토우는 바로 오침에 들어갔어요.

'난 길도 모르는데 넌 잠이 오냐?'

인떼에서 본 미얀마의 재래식 화장실은 주변에서 쉽게 구할 수 있는 대
나무를 활용한 아이디어가 돋보이는 그런 화장실 이였습니다. 볼일을 보
고 물을 부으면 대나무로 연결된 통로를 따라 변이 따로 저장됩니다.
그래서 재래식이지만 항상 깨끗하게 이용할 수 있어요.

제티에서 조금만 걸으면 초등학교가 나와요.
때마침 하교시간이라 아이들한테 루인스 가는 길 안내를 부탁합니다.
가지고 있던 사탕은 트레킹하면서 모두 나눠준 상태라 학생들을 위해 따
로 준비한 청색 볼펜을 하나씩 나눠 줬습니다.

우리는 예전부터 붓글씨를 쓰던 민족이라 검정색 볼펜을 선호하지만
미얀마에서는 학교나 공공기관에서 작성하는 문서들을 대부분 청색으로
작성하도록 되어 있기 때문에 청색 볼펜을 더 선호합니다.

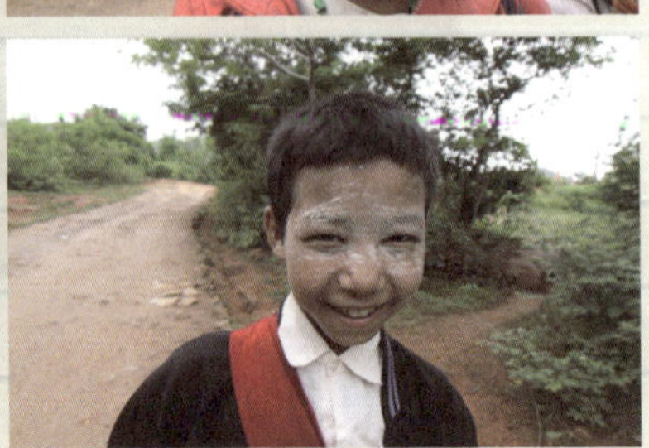

모두 다 비싸다고 좋은 것은 아니지요. 하나를 나눠 줘도 정말로 필요한
것을 나눠 주는 것이 다른 사람을 위한 나눔의 시작입니다.

오랜 세월을 묵묵히 지켜온 파고다.
시간의 흐름에 역행하지 않고 어느새 자연의 일부가 되어 버린 파고다는
누가 가르쳐주지 않아도 세월의 깊이를 스스로 말해줍니다.

미소 짓고 있는 사진을 보고 있자면 어느새 미소 짓고 있는 나를 발견합니다.
미얀마 사람들의 아름다운 미소는 어디서 시작 되었을까?
항상 궁금했었는데 이곳에서 답을 찾았습니다.
천년에 세월을 지켜 온 파고다에서 메일 같이 부처님의 미소를 눈에 담아
어느새 부처님의 미소를 닮아버린 것이겠지요.

제게 시간이 없다는 것이 안타깝습니다.
인떼의 불상들은 미얀마에서도 독특한 모양을 하고 있는데
무언가 비밀이 감추어져 있는 것 같다는 생각마저 들었어요.
자리에 있어야할 불상이 없거나 소손된 불상이 상당히 많은 걸로 보아
이곳도 침략을 당할 때 안전한 곳은 아니었나 봅니다.

인떼의 유적지를 여유 있게 둘러보기 위해선
긴 바지와 긴팔 티셔츠를 챙겨야 해요.

Nga Phe Kyaung 사원입니다.
이곳에서는 스님들이 고양이 수십 마리를 길들여 동그란 링을 통과하는 묘기를 보여주기로 유명해서 원래 사원 이름보다 점핑캣 사원으로 더 유명해진 곳입니다.
보트를 타고 돌아가는 길에 있다고 해서 들렀는데 제가 인떼 유적지에서 시간을 너무 끌어서 그런지 고양이는 이미 영업시간이 끝난 상태였어요.

코토우 집이에요.
방 안에는 전기도 안 들어오고 가전제품도 보이지 않아요.
어제 방문했던 닌닌의 친정집하고 너무 비교가 돼서 가슴이 아픕니다.

밥상에 밥그릇이 얼마 없어서 이상하다고 생각했는데 남자만 밥을 먹어요.
많은 사람이 지켜보는 가운데서 밥을 먹는 일이 이렇게 어려운 일인지 처음 알았습니다. 제가 쉽게 수저를 들지 못하고 있으니 그럼 닌닌도 같이 먹자고 코토우가 말해줘서 닌닌도 같이 먹을 수 있었어요.

코토우가 말합니다.

"미얀마에서 술은 남자만 마실 수 있으니 신경 쓰지 않아도 돼."

"남자는 아침 점심 저녁 술 마셔도 되지만 여자는 안 돼."

같은 상에 앉아서 코토우는 술상으로 저는 밥상으로 바라보고 있었던 거죠.

그러고 보니 코토우의 큰 아들 보보도 남자라고 술상에 앉아 있었네요.

저녁 술상에는 맥주에 미얀마 곡주를 타기 시작합니다.

반찬이라곤 생선이랑 브로콜리 같은 채소가 전부에요.

'손님이 찾아온다고 준비한 귀한 음식을 내가 다 먹어도 될까?'

잠시 고민하다가 맛있게 먹어주는 것이 나를 위해 음식을 준비해 준 코토우 가족에 대한 예의라는 생각에 하나도 남기지 않으리라 마음먹습니다.

생선을 맛있게 먹고 있는 제가 가시를 잘 발라내지 못하자 보고 있던 닌닌이 생선 가시를 발라내 제 밥 위에 올려줍니다.

어렸을 적 어머니께서 생선가시를 발라주시던 기억이 가물가물 떠오릅니다. 언제인지도 모르겠고 어디서인지도 모르겠지만 확실히 생선가시를 발라 주신 적이 있었던 거 같은데 제가 잊고 지냈던 소중한 기억을 여기서 되찾은 것 같았어요.

제가 어딜 가서 이런 귀빈 대접을 받아 보겠습니까?

뱃가죽이 찢어지는 한이 있어도 주는 음식은 거절하지 않겠다는 각오로 밥상에 임합니다.

밥상에서 한국인의 위대함? 을 보여주고 낮에 구매한 책을 닌닌에게 전해 줬어요.

앞으로 내가 다시 미얀마를 방문했을 때 아니면 또 다른 원정대가 찾아왔을 때는 코토우가 아닌 닌닌이 그들을 맞이해 주기를 빌어봅니다.

@사진에 1차 원정대, 3차 원정대가
가져다 준 사진도 보이네요.

아직 다 모이지 않은 코토우네 가족사진이에요.
코토우가 가족 소개를 한 명 한 명 해주는데 형제들 이야기 중 셋째,
넷째 이야기는 피하는 것이 어렸을 적 죽은 것 같았어요.
우리나라도 할아버지, 아버지 시대에는 아이들이 죽는 일이 있었으니
더 깊게 물어보지는 않았습니다.
식구 소개하다가 큰 아들 이름은 보보, 작은 아들 이름은 코코라고 하면
서 웃기에 저는 코토우가 저한테 장난치는 줄 알았어요.

닌닌의 친정 Famiy

'설마 이름을 보보, 코코라고 지을까?' 생각하고 몇 번을 물어봐도 사실이라고 하네요.

미얀마는 두 글자 이름이 많고 성 Family name 이 없어서 공문서에는 아버지 이름을 함께 기입한다고 합니다.

제가 어제 쇼수한테 닌닌 사진을 보여주고 인레에 가서 닌닌을 찾을 거라고 말하니까 쇼수가 닌닌이란 이름이 미얀마에는 무지하게 많다고 못 찾을 거라고 말했던 게 이제야 이해가 가네요.

코토우 집에 함께 거주하는 친구입니다.
친구는 모터보트에 다리를 다쳐서 깁스를 하고 있는 상태라 일을 할 수가 없었어요.

식구들도 모자라 친구와 친구 와이프까지 같이 산다고 하니 코토우 어깨에 짊어진 삶의 무게가 얼마나 될지 상상 조차 할 수 없습니다.

아까 코토우가 저 혼자 인뗑 유적지를 구경하고 오라고 하고 자길래 밤
에 무슨 짓을 하고 낮에 자는가 싶었는데 다 사연이 있었네요.
최선을 다하며 가정을 지키는 코토우 앞에서 작아진 나를 느낍니다.

지금 이 순간에도 지구촌 어딘가에서는 다이어트 하느라 돈을 쓰고 있고
또 어딘가에서는 하루하루 먹고 살기 위해 어린아이도 고사리 같은 손으
로 돈을 벌어야 한다는 것을 생각하면 참으로 불공평한 세상입니다.

그렇게 시간은 또 흘러서 밤이 찾아 왔습니다.
언제 다시 만날지도 모르는 이방인을 바래다 주기 위해 코토우와 닌닌이
함께 보트에 올랐습니다.
서로 말이 없습니다. 보트에서 나는 소리만이 귀를 울릴 뿐이지만 바라
보는 것만으로도 무엇을 이야기 하고 싶은지 서로 알 수 있었어요.

숙소에 도착하고 이제는 정말로 헤어져야 할 시간이에요.
흔한 헤어짐의 인사를 마치고 한참을 바라보다 코토우와 닌닌의 멀어지
는 뒷모습을 향해 제가 외쳤습니다.

"We are friends"

그러자 코토우가 대답해 주었어요.

"We are a family"

참! 코토우와 저는 동갑이었습니다. 두 둥!

⋮

그 후 저와 같이 일하시던 선생님께서 미얀마로 여행을 가셨습니다.
다니시던 평생교육원에서 미얀마로 사진여행을 떠나신다기에 코토우 가
족에게 선물을 하나 보내고 싶어졌어요.
그래서 코토우 가족들 사진으로 달력을 두 개 만들었습니다.
하나는 코토우 집에 하나는 닌닌네 집에 놓아두길 바라는 마음으로...
선생님이 미얀마를 떠나시고 인레에 도착하셨을 때 만나는 사람마다 코토
우와 닌닌의 사진을 보여주면서 찾으셨는데 아는 사람을 찾지 못하셨대요.
저는 한 번에 찾았는데 말이죠.

늦은 밤 미얀마에서 한국으로 전화가 걸려옵니다.
인레에서 코토우와 닌닌을 찾으러 다녔지만 아는 사람을 찾지 못하셨다
고 내일은 다른 곳으로 이동을 해야 해서 선물을 전해주지 못할 것 같다
고 미안하다는 말을 제게 해주셨습니다.

저는 전화기에 부담 갖지 마시고 전해주지 못하셔도 된다고 말은 하고 있
었지만 왠지 이 분이 내일이라도 선물을 무사히 전해 주실 것 같은 기분
이 들었었어요.

다음 날 인레 호수의 일정을 마치고 떠나기 위해 이분이 보트에서 내리실 때 인레에 들어오기 위해 보트에 오르는 트레킹가이드에게 마지막으로 한번만 더 물어보자는 심정으로 물어보셨대요.

그런데 그 사람은 바로 코토우의 사촌이었습니다.
이 뷰도 깜짝 놀라시고 함께 계셨던 분들도 모두 놀라셨다는 말을 해주셨어요.

그렇게 찾을 땐 나타나지도 않더니 모두가 포기한 순간 기적같이 나타난 코토우 사촌입니다. 다른 분들과 함께 여행하는 중이라 무리에서 이탈하지는 못하시고 제 선물을 전해달라는 부탁을 하셨다고 사진을 찍어 보내주셨어요.

같이 계셨던 분들이 사진도 찍어 주시고 박수도 쳐 주셨대요.

POSTCARD

인연이 있으면 만나게 되는 곳!

이래서 미얀마를 인연의 땅이라고 부르나 봅니다.

선생님께서 이어주신 코투우 가족과의 인연

소중히 간직하겠습니다.

다시 한 번 더 감사드립니다.

그냥 즐겨봐!

'더자밍 낫'은 일 년에 한 번, 두 권에 책을 들고 하늘에서 내려오는데
선행을 하는 사람의 이름은 금으로 만든 책에 기록하고
악행을 하는 사람의 이름은 견피(犬皮)로 만든 책에 기록한다.
해마다 '띤잔' 때가 되면 미얀마 사람들은 '더자밍 낫'에게 좋은 평가를 받기 위해
거리 곳곳마다 음식을 내놓아 지나가는 이들에게 나누어 주고
죄를 씻어 내라는 의미로 지나는 사람들에게 물을 뿌려준다.

옷과 가방이 모두 젖어도 물을 뿌려 준다.
카메라를 들고 있어도 상관없이 물을 뿌려준다.
심지어는 소방호수로도 물을 뿌려준다.

그래도 화를 내는 사람은 하나도 없다.
'흥미 진진'이란 말은 이럴 때 쓰라는 것 아닐까?
언젠가 반드시 미얀마의 띤잔(water festival)을 즐겨주겠어!

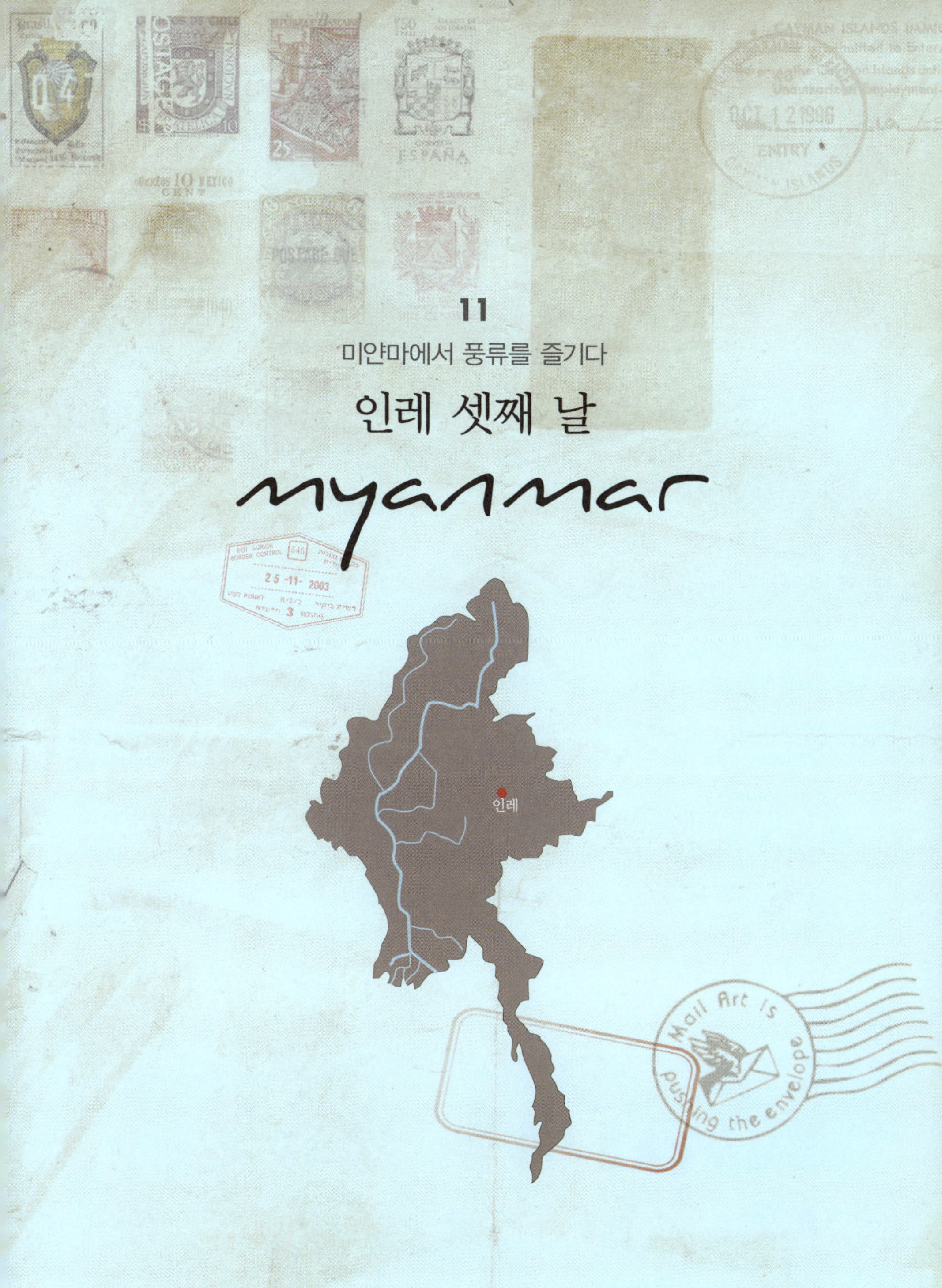

11
미얀마에서 풍류를 즐기다
인레 셋째 날
myanmar
인레

집시에서 먹는 두 번째 아침입니다.

아침 식사를 오믈렛으로 할지 후라이로 할지 고르라고 하는데 어제는 후라이를 먹었으니 오늘은 오믈렛으로 할까요?

즐거운 상상은 잠시입니다. 이곳에서 후라이와 오믈렛의 차이는 노른자를 깨느냐 안 깨느냐 차이니까요.

오늘은 오후 5시에 양곤에 가는 날입니다.

주인아저씨께 픽업트럭을 탈수 있는 쉐냥까지의 이동시간을 물었더니 지도를 보여 주며 숙소에서 20분 정도 걸어가면 된다는 말을 해주셨어요.

한국에서의 일정대로 라면 오늘 오전에 새벽같이 남빤 5일장을 다녀와야 하지만 안타깝게도 남빤 5일장은 내일이래요. 2009년 여행기를 찾아 5일씩 더해 나간 건데 하루가 틀려서 다음을 기약해야만 했습니다.

남빤 5일장을 가지 못할 경우 다음 계획은 자전거를 빌려 타고 와이너리에 가는 것이었는데 비가 오는 관계로 오늘 일정은 펑크내고 편히 쉬다 가기로 마음먹습니다.

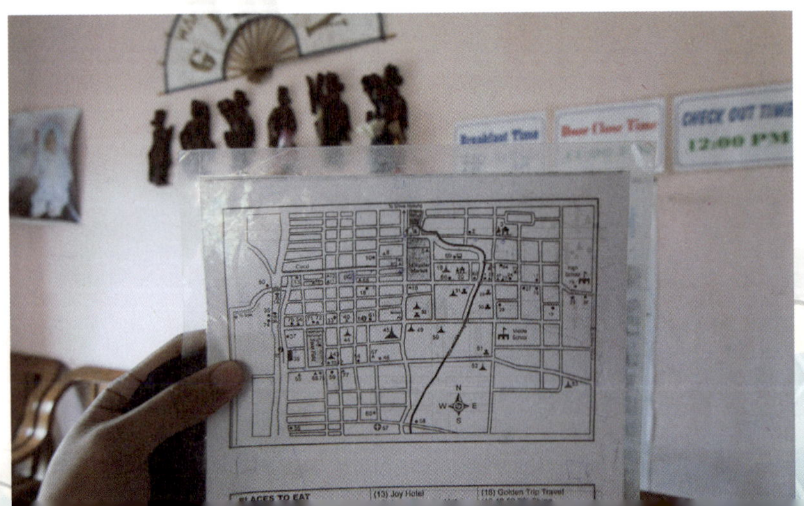

오랜만에 방에서 늦잠을 자고 나와 보니 비가 오던 것이 거짓말처럼
멈췄습니다.
똑같은 간판이 연속으로 걸려있는 것도 보이고. 생긴 것도 달리는 속도
도 영락없는 경운기인데 자동차 핸들이 달려 있는 것도 보입니다.
동내 이곳저곳을 구경하며 걸었는데도 30분쯤 지나자 픽업트럭 타는 곳
에 도착합니다.

오후 5시까지는 아직도 4시간이나 남았습니다.

'Welcome to Inlay'

이쯤 되면 인레, 쉐냥, 냥쉐에 대해 궁금할 것 같아 적어봅니다.
인레는 쉐냥과, 냥쉐, 인레호수를 통칭하는 말입니다.
냥쉐는 인레호수에 인접한 마을 이름이고요.

버스를 타고 인레에 들어오면 쉐냥에서 내려서 보통은 픽업트럭이나 택시를 타고 냥쉐로 들어옵니다.
트레킹을 통해 인레에 들어오면 인뎅제티에 도착해서 보트를 타고 냥쉐로 들어옵니다.
비행기를 타고 냥쉐로 들어 올 수도 있는데 헤호공항에 내려서 택시를 타고 들어오는 방법도 있습니다.

오늘은 남아도는 게 시간입니다.
흥겨운 타악기 소리가 나서 가보니 신명나게 춤추는 모습이 우리네 굿판과 흡사합니다.
'그렇다면 저기서 춤을 추고 있는 저 사람이 말로만 듣던 남자무당 낫거도?'

흥미로운 미얀마 낫.
미얀마를 최초로 통일한 아노여타왕은 상좌불교를 도입 후 민간신앙 낫을 없애려 했지만 사람들이 이를 받아들이지 않자 불교의 하위 개념으

232

로 낫 신앙을 수용하기로 하고 기존의 낫을 36개의 낫으로 정리한 후 37번째 낫들의 왕인 '더자밍 낫'을 탄생시켰습니다.

낫은 실제 역사적으로 존재했던 사람들로 비참하게 죽은 인물들이 대부분인데 사람들은 낫을 잘 모시면 낫으로부터 보호를 받고 잘 모시지 못하면 낫으로부터 해를 입는다고 생각합니다.

그래서 미얀마 사람들은 내세를 위해서는 부처님께 기도드리고 현세에 힘든 일이 닥쳤을 때는 낫에게 기도를 드린다고 해요.

굿판을 벌이는 사람을 '낫거도'라 부르는데 '낫거도'는 무속정령신앙을 주관하는 사람으로서 우리나라 무당과 하는 일은 같지만 남성도 여성도 아닌 중성의 성적 소수자라는 것이 우리와 다릅니다.

한참을 보고 있는데 자신을 택시 매니저라고 소개한 청년이 다가와 택시 탈 생각이 없냐고 물어 봅니다.

"난 1,500짯 주고 픽업트럭 탈거야~"

택시비는 6,000짯인데 사람을 6명 모아 쉐어하면 1,000짯에 갈 수 있다고 자신이 사람을 모아 주겠다고 하네요.

"그럼 난 길 아래 식당 안에서 기다릴게. 사람 모으면 불러주길 바래!"

저도 말로만 듣던 빵입니다.

미얀마에서는 시키지 않아도 빵을 가져다주는 식당이 있는데 염려하지 마세요. 먹지 않으면 돈 내라고 안 합니다.

제가 안 먹으면 저 빵은 또 다시 다른 사람 식탁에 올라가는 그런 시스템입니다.

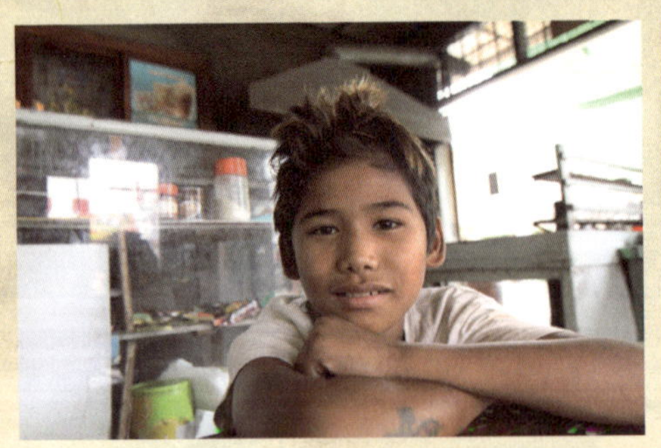 

식당 아들인데 고무줄로 총을 쏘면서 혼자 놀고 있었어요.
"훗 고무줄놀이라면 내가 한 수 가르쳐 주지!"
고무줄을 빌려서 별도 만들어 주고, 쌍별도 만들어 주고, 간단한 트릭도 보여줍니다.

어렸을 적 동내 형들한테 배운 고무줄놀이를 미얀마에서 써먹을 줄은 꿈에도 생각 못했는데 고무줄의 신세계를 발견한 어린 콜럼버스도 놀라고 20년도 더 된 고무줄 놀이를 기억하고 있다는 것에 저도 놀란 순간이였습니다.

"이제부터 날 싸부라 불러다오~"

러페이 200짯

아무리 기다려도 쉐어 할 사람은 없습니다. 비수기에~
30분 쯤 지나 택시 매니저가 찾아와서 몇 시 차냐고 그냥 가자합니다.
이쯤 되면 제가 차 시간에 쫓겨 6,000짯에 갈 줄 알았겠지만

"걱정하지 마! 난 오늘 시간 많아~"
"한 시간이고 두 시간이고 더 기다릴 수 있어!"

자신의 의도대로 되지 않자 그냥 3,000짯에 사 준다고 타답니다.
저도 마냥 픽업트럭을 기다리는 것보다는 편하게 이동하는 게 낫겠다 싶
어서 택시에 올랐는데 그새 또 비가 내리네요.

택시 3,000짯

터미널 안쪽에서 한국드라마가 하고 있고 멀리 파주에서 물 건너온 버스가 보이는 이곳은 쉐냥 버스터미널입니다.

미얀마에서는 화장실을 이용할 때도 돈을 내야 하는 경우가 종종 있다고 들었어요.

"화장실이 어딥니까?"

터미널을 지키는 할머니가 화장실 키를 내어주며 분명 100짯이라고 말했는데 200짯 지폐를 받고도 100짯을 안 거슬러 주는 거예요.

정중하게 "완 헌드래드" 알아듣지 못하는 척 하십니다.
손 내밀며 "완 헌드래드" 알아듣지 못하는 미얀마어로 대답을 하십니다.
손 흔들며 "완 헌드래드" 그제야 웃으며 복대에서 100짯을 꺼내 건네줍니다.

"할머니 나 쉬운 남자 아냐~"

화장실 100짯

배꼽시계는 언제나 정확한 시간에 밥을 먹여달라고 저를 조릅니다.
터미널 옆 식당에서 늦은 점심을 시키고 한국에서 가져온 고추장을 밥과
함께 비벼먹었어요.
여행하는 동안 다행이도 미얀마 음식이 제 입에 잘 맞아서 가지고 온 고
추장이 아무 쓸모가 없었는데 갑자기 매콤한 게 먹고 싶어졌습니다.

후라이 라이스 치킨 1,500짯
군것질 100짯

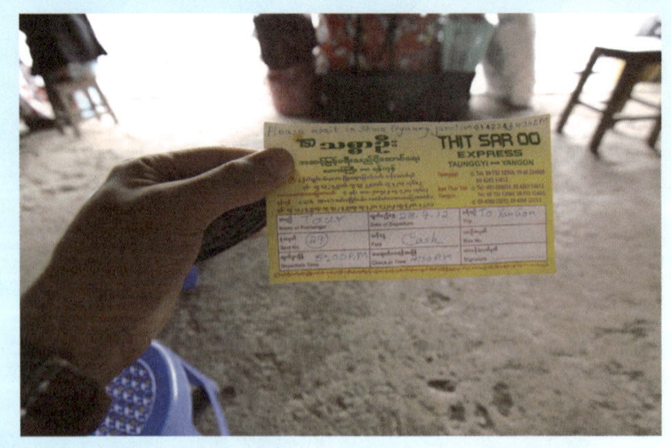

오후 5시에 온다던 차는 6시가 넘어도 도착할 생각을 안 하는데 늦게 오는 차에 대해 사람들은 묻지도 따지지도 않습니다. 여긴 미얀마니까요.

어제 코토우내서 돌아와 신발을 빨고 잤어요. 정확이 얘기하면 샤워기로 행군 거죠.
평소엔 방에 들어오면 바로 씻으러 들어가니까 양말을 안 신어도 발 냄새가 난다는 걸 잘 몰랐는데 어제 저녁식사 때 제 발에서 식초 냄새가 나는 거예요.
물티슈가 없었다면 정말 곤란한 상황이였습니다.
오늘 아침에도 비가 와서 축축한 신발을 맨발로 신고 나왔어요.
버스에 올라타서 신발을 벗으려 하는데 식초냄새가 어제보다 더 심하게 올라옵니다. 아니 이건 발 냄새라기보다 똥 냄새에 더 가까웠어요.
다행이도 옆 좌석엔 사람이 없었는데 앞좌석에 앉은 소심한 사람이 곁눈질로 제게 냄새가 고약하다는 무언의 신호를 보내옵니다.
혹시나 우연의 일치가 아닐까 하는 생각에 다시 신발을 벗으려 하면 역시나 곁눈질로 제게 신호를 보내옵니다.
그렇다고 젖은 신발을 벗지 않으면 제 발이 썩을 것 같았어요.
고민을 하다가 론지로 하반신을 덮은 후 냄새가 차량에 퍼지지 않도록 최대한 빠르게 물티슈로 한발 한발 닦고 나서야 한숨 돌릴 수 있었어요.

미얀마 시외버스는 생수를 한 병씩 주는데, 야간 버스는 목베개에 칫솔과 치약도 추가로 나눠 줍니다.

오후 9시 30분쯤 어느 식당에 버스를 세우고 저녁을 먹을 수 있도록 시간을 줬어요.

저는 평소대로 좋아하는 후라이 라이스 치킨을 시키고 조용히 앉아서 밥을 먹고 있는데 제 뒤에서 시끄러운 소리가 들립니다.

제 뒤에 앉은 중국인 세 명이 각각 다른 걸 주문했는데 그 중에 한 명이 자신은 후라이 라이스 피그를 시켰는데 왜 치킨이 나왔냐면서 종업원에게 클레임을 걸고 있었어요.

가뜩이나 목소리가 큰 중국 사람이 흥분하니까 정말 가관입니다.

제가 후라이 라이스 피그를 먹고 있는데 말이죠. ^^

저는 그냥 종업원이 주문받을 때 실수 했나 보다 하고 별 생각 없이 먹고 있었는데 뒤에서 얘기 하는 소릴 듣고 밥이 바뀐 걸 알았습니다.

'불쌍한 종업원 그냥 똥 밟았다 생각해~'

그쪽은 셋이고 저는 하나니까. 조용히 먹고 일어납니다.
제 입맛엔 역시 돼지보다 닭이 맛있네요.

식사를 마치고 다시 버스에 올라 바간에서 산 론지를 이불삼아 차에서 흘러나오는 미얀마 뮤직비디오를 자장가 삼아 양곤으로 향합니다.

후라이 라이스 피그 1,500짯

자신의 띠가 정해집니다.

옛날 미얀마에선 8요일을 사용했기 때문에 동물이 여덟이에요. 그 중에 코끼리는 불교에서 굉장히 신성한 동물로 여겨지는데 그 이유가 석가모니의 모친인 마야부인이 태몽으로 6개의 상아가 달린 흰 코끼리가 옆구리에 들어오는 꿈을 꾸었기 때문이랍니다.

월요일 – 호랑이

화요일 – 사자

수요일(오전) – 상아가 있는 코끼리

수요일(오후) – 상아가 없는 코끼리

목요일 – 쥐

금요일 – 기니피그

토요일 – 용

일요일 – 가루다(미얀마 신화에 나오는 동물)

이러한 띠가 남녀의 궁합의 기준이 되기도 하는데 서로 잘 맞는 궁합은?

일요일 – 금요일

화요일 – 목요일

토요일 – 수요일

월요일 – 수요일

서로 잘 맞지 않는 궁합은

토요일 – 목요일

금요일 – 월요일

일요일 – 수요일

수요일 – 화요일

여기서 잠깐 결혼할 때 보는 궁합은 같은 요일인 사람끼리가 제일 좋다고 합니다.

12

양곤의 심장 '술래 파야 Sule Paya'

양곤 순환열차 술래 파야

myanmar

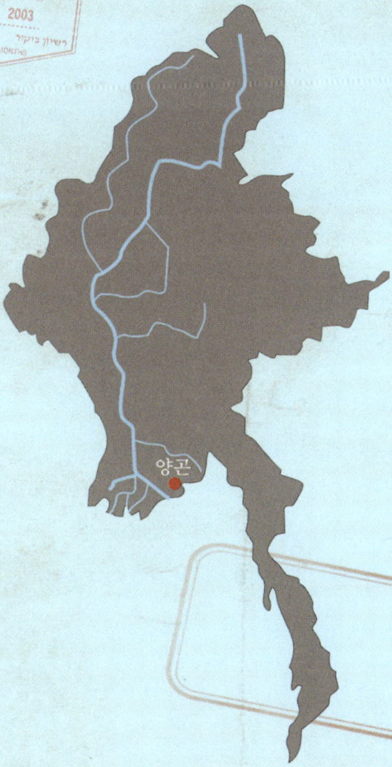

오전 5시 30분 양곤에 도착 합니다.
버스 문이 열리고 택시기사들이 손님을 태우기 위해 왁자지껄 합니다.
그 중에 운수 좋은 택시기사와 센트럴 스테이션까지 7,000짯에 합의보
고 달리는데 신호등에서 택시기사가 쟈스민 꽃을 샀어요.

미얀마 사람들은 부처님께 꽃을 공양하는 걸 좋아하는데
택시기사의 경우 첫 손님을 태우면 꽃을 사고 하루 일과를 마치면
안전운전하게 해준 부처님께 감사의 뜻으로 꽃을 바친다고 해요.

한참을 달려 센트럴스테이션이라고 내리라는데 역이 아니라 큰 건물이에
요. 다시 트레인스테이션이라고 말하니까 그제서야 양곤역에 내려줍니다.

택시비 7,000짯

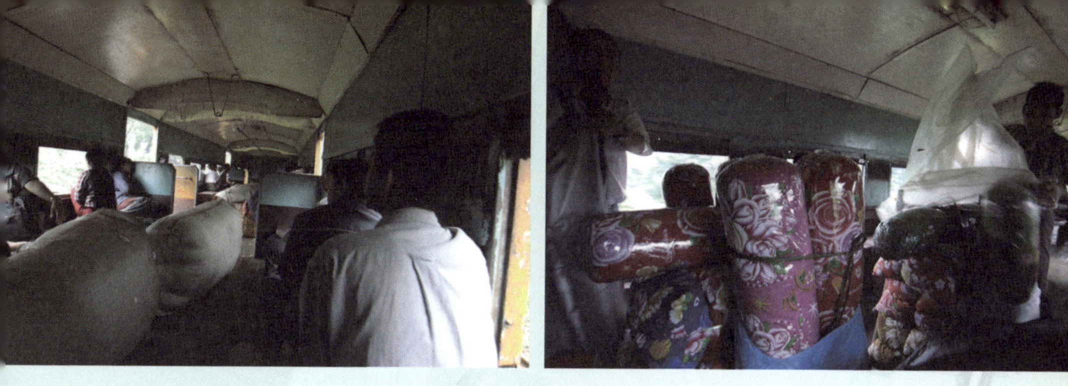

오전 6시 30분 센트럴 역에서 순환 열차를 탑니다.
이른 시간이라서 그런 건지 아니면 일요일이라 그런 건지 장사하러 가기
위해 짐을 싣는 사람만 보입니다.

개중에 아침밥을 파는 사람들도 있는데 이들은 무임승차를 해도 역무원
들이 눈감아 주는 분위기입니다.
오늘 아침은 미얀마 산 꽈배기로 대신합니다.

슬로 보트에서 햇빛에 쏘였던 제 백만 불? 짜리 다리는 농익은 사과처럼
익어 있네요.
양곤 순환 열차에는 벌레가 많다고 하는데 저는 잘 모르겠어요. 어렸을 때
부터 모기에도 잘 물리지 않는 체질이라 그냥 편하게 열차에 다리를 쭉~
펴고 갑니다.
남자들은 저처럼 앉아 가시는 분들이 꽤 많았어요.

자세히 보면 열차 바닥이나 천장, 벽도 모두 나무로 되어 있어서 맨발로
열차바닥을 밟고 다녀도 나무에서 느껴지는 맨질맨질한 촉감이 아주 좋
습니다.

순환열차 1불
아침밥 꽈배기 200잣

시간이 조금 지나니까 출근하는 사람들이 보입니다.
나이도 어려보이는 아가씨들이 일요일 이른 아침에 도시락을 싸들고
일터로 나가는 걸보니 안쓰러운 생각마저 들었어요.

사진기 들이대기가 미안했는데 환하게 웃어주니 다들 고마울 따름입니다.
맨 마지막에 있는 친구에게 사진기를 넘겨주고 제 사진을 찍어 달라고
부탁하고 포즈를 잡습니다.

"억울하지만 너가 나보다 잘 찍는구나."
그러고 보니 여기서 제 사진만 웃음을 잃어버렸네요.

오전 9시 15분 열차에서 내려 택시를 타고 사쿠라 타워로 이동하는데
백미러에는 역시 쟈스민 꽃이 걸려있네요. 부처님께 꽃을 공양하는 마음
씀씀이가 보기 좋습니다.

원래 계획은 사쿠라 타워에서 캔 맥주에 맛있는 점심을 먹으려고 했는
데 갑자기 생각이 바뀌었어요.
열차에서 만난 사람들이 떠오르고 코토우 가족들도 떠올랐어요.
'여기서 비싼 음식을 먹고 나 혼자 배부르지 말자.
차라리 음식 값을 아껴 쓰고 그 돈으로 도네이션을 하자.'
사쿠라 타워 입구에서 발길을 돌려 적당한 음식을 고르기 위해 양곤 시
내를 배회합니다.

택시비 2,000짯

일요일 아침 양곤의 극장가를 지납니다. 촌스러운듯 한 영화 포스터도 보이고 길거리 음식을 사먹는 연인들도 보이네요.
예전에 멀티플렉스가 생기기 전에는 우리도 이런 길거리 데이트를 즐기고 보고 싶은 영화를 상영하는 극장을 찾아 다녔는데 말이죠.

저 육교 위에는 삼성 광고판이 달려 있었어요.
한국 사람은 외국 나가면 애국자가 되지요.
평소 삼성이란 대기업을 좋아하는 건 아니지만
그래도 요런데선 반갑습니다.
삼성 광고판에서 눈을 못 떼고 걷다가 육교에 머리를 부딪쳤습니다.
아픔은 참을 수 있지만 쪽팔림은 참을 수 없네요.
아무렇지도 않은 듯 아픔을 참아보지만…….

"전 애국자이니까요. 뜨거운 눈물이 흘러내립니다."

문 베이커리를 가보고 싶었는데 어디있는지도 모르고 배는 고프고 그냥 빵집이 보여서 들어와 봤어요. 제가 좋아 하는 순서로 치즈 케익 한 조각을 고르고 피자 1조각을 골랐는데도 배가 고플 것 같아서 포르투갈 타트 한 개를 더 집었어요.

"역시 빵은 어딜 가나 맛있네요."

"참고로 전 떡집 아들입니다."

아점 2,500짯

미얀마에는 목마른 사람에게 물을 보시하는 항아리가 흔하게 보입니다.
규모가 작은 곳은 마을 사람들끼리 순번을 정해서 물을 채워 넣는다고 해요.
하지만 여행객은 무조건 생수 추천입니다.
물이 더러워서 그런 것이 아니라 여행하다가 물갈이를 하면 설사와 복통으로 남은 일정을 망쳐 버릴 수 있기 때문에 성의로 주는 물도 뜨겁게 끓인 물이나 생수가 아니라면 정중히 거절해야만 해요.

미얀마의 인도는 사정이 좋지 못합니다.
항상 바닥을 잘 보고 걸어야 해요. 야간에는 손전등이 필요하겠죠?
손전등이 없다면 갑자기 땅이 꺼지는 경험을 하게 될 수도 있습니다.

물 작은 거 200짯. 만달레이보다 50짯 더 비싸네요.

술래 파야를 물어물어 갑니다.
론리가 있으니 보면서 가도 되는데 마지막 날이라 그런지 귀차니즘에 빠진 것도 있고 사람들에게 길을 물어보는 재미도 쏠쏠합니다.
우기인데 창가에 빨래를 널어놓은 모습도 보이네요.
"혹시 빗물에 빨래를 하기 위해 널어놓은 건 아니겠지요?"

미얀마는 태어난 요일에 따라 자신의 띠가 정해집니다.
그래서 파고다에 들어서면 자신의 띠를 상징하는 동물을 찾아 공양물
水 을 올려요.

부처님께는 자신의 나이만큼 공양물을 부어드리고 띠를 상징하는 동물
에는, 1번은 자신을 위해서 2번은 가족을 위해서 3번은 자신의 선생님
들을 위해서 공양물을 붓는다고 가르쳐 주었습니다.

자신을 술래 파야 가이드라고 소개한 청년은 파야에 입장한 사람들 중에
외국인만을 골라 술래 파야를 소개해주고 외국인 입장료를 받아갑니다.
따라서 외국인 티만 안 나면 입장료를 안 내도 된다는 뜻이지요.

술래 파야 안에 있는 방에는 술래 파야의 옛 모습도 그림과 사진으로 걸어 놓고 각 나라의 불상을 사진으로 걸어 놨어요.
물론 한국에 부처님도 보이구요.

그중에도 남다른 모습의 부처님이 있어서 담아 봤습니다.

그러고 보니 오늘 큰 일을 치르지 않았습니다. 화장실 이용료 100짯을 내고 맨발로 화장실을 찾아 왔는데 밖에서 볼일 보는 모습을 다 볼 수 있을 정도로 화장실 문이 부실합니다.
바닥이 젖어 있어서 바닥에 가방을 내려놓을 수도 없었어요.
힙쌕을 복대처럼 앞으로 돌려 메고 빽빽을 단단히 들쳐 맨 후 바지를 내리고 어정쩡한 자세로 볼일을 보는데 볼일 치루는 모습을 누가 볼까봐 조마조마합니다.
'집중 할 수가 없어~'

화장실 200짯 100짯은 도네이션

@맨발로 화장실에 들어간 용자!

술래에 입장하는데 신발을 맡겨 줄 테니 꽃을 사랍니다.
뭐 나쁘지 않습니다. 신발을 담는 봉지 값을 받는 것도 아니니까요.
근데 그건 제 생각이었습니다.
술래 구경을 마치고 밖으로 나오는데 제 신발을 달라하니까 신발을 맡겨 준다던 청년이 도네이션을 하랍니다.
"아까 꽃을 샀는데?"
그래도 웃으며 도네이션 하라네요.

'그거 아니? 지금 네 얼굴이 주먹을 부르고 있어!'

술래 입장료 2불
꽃다발 1,000짯
신발 보관 도네이션 500짯

술래에서 쉐다곤 까지는 도보로 30분 거리에 있어서 그냥 걷기로 합니다. 가는 길에 불량식품 두 개를 사서 맛보는데 너무 맛있네요.
미얀마 여행의 최고 하이라이트인 쉐다곤 파고다를 가는 길이니 그냥 걷고 있어도 신나고 재밌습니다.

불량식품 200짯

쉐다곤 파고다에 가는 길에는 물을 보시하는 항아리도 보이고 토속신앙인 낫도 보입니다.
무단횡단하는 어린 친구들도 보입니다.
무단횡단은 나쁜 거지만 저 주변에는 횡단보도가 없어서 저도 아이들을 따라 무단 횡단에 동참합니다.

물 400짯

쉐다곤 파고다를 걸어가는 길에 만난 양곤의 교회입니다.
일요일인데도 교회는 문이 굳게 닫혀있었고 사람의 출입이 없었어요.
영국이 미얀마를 침략하고 100년에 가까운 지배를 하며 세운 것이 교회
이니 이들에게 교회는 침략자가 세운 건축물에 불과 하지 않을까 생각해
봅니다. 하나님의 가르침은 이웃을 침략하고 괴롭히라고 있는 것이 아닐
진데 종교가 가진 이념을 핑계 삼아 자신의 배를 채우는 인간이 있으니
문제가 되는 것이겠지요.

미얀마는 1980년 불교 정화법을 제정하여 각 지방 단위에 따라 승려들
의 조직인 위원회를 결성하고 승려들을 등록하게 하였으며 미얀마 사람
들은 출생에서부터 사망까지, 예를 들어 작명, 교육, 결혼, 장례식 등을
모두 승려와 상의합니다.

미얀마에서의 불교는 전통적으로 국교의 위치를 누리고 있으며 선교활
동은 불법입니다.

하늘이 당장이라도 비를 쏟을 것 같아 빨리 쉐다곤 파고다에 도착해 비를 피해야한다는 생각에 발걸음을 재촉합니다.

쉐다곤에 들어가는 횡단보도를 건너는데 문 사이에 비닐봉지를 끼워 놓는 아저씨를 보았습니다. 저 봉지에 신발을 담고 신발보관료를 내지 않을 생각이었는데 외국인은 입장권에 이미 신발 보관료가 포함되어 있었기 때문에 아무 소용이 없었어요.

영국을 상대로 독립운동을 한 계기가 1916년 미얀마 파고다에 영국인이 신발을 착용하고 들어가는 사건을 계기로 영국 상품 불매운동이 일어나고 무장독립 운동이 시작되었다는 얘기가 있으니 이들에게 파고다에서 맨발은 불문율입니다.

아쿠아 트레킹 슈즈를 벗었더니 발 냄새가 자비도 없이 코를 찌릅니다.

저 바닥에 보이는 빗물 보다 제 발이 훨씬 더 더러웠어요.

바닥에 쭈그려 앉아 빗물에 발을 씻고 쉐다곤 파고다에 들어갈 준비를 합니다. 그게 미얀마를 존중하는 최소한의 예의라는 생각이 들었어요.

쉐다곤 외부 경치를 이것저것 구경하고 있는데 외국인이면 안으로 들어
가 표를 사라고 징중히 가르쳐 줍니다.
처음에 안내 데스크에서 짯으로 입장료를 불러요. 그럼 입장료를 달러로
지불해도 되는지 물어 보세요. 그럼 5달러라고 가르쳐 줍니다.

        입장권 5달러
        대부분의 경우 입장권이나 호텔들은 짯으로 계산하는 것보다 달러가 쌉니다.

드디어 쉐다곤 입성입니다. 발도 깨끗하네요.^^
외국인 전용 엘리베이터를 타고 올라가서 바로 론지를 꺼내 입었어요. 술
래 파고다에선 론지를 입어야 한다는 생각을 까먹고 있었는데
쉐다곤 파고다에서는 외국인들도 론지를 입고 있는 모습을 쉽게 볼 수
있었습니다.

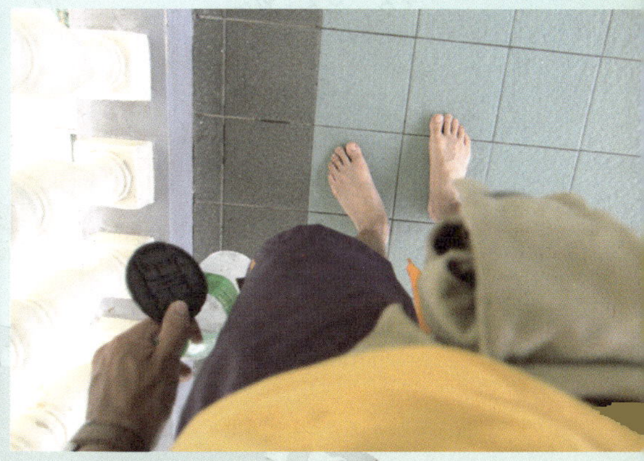

평범한
직장인의
간절한
기도...

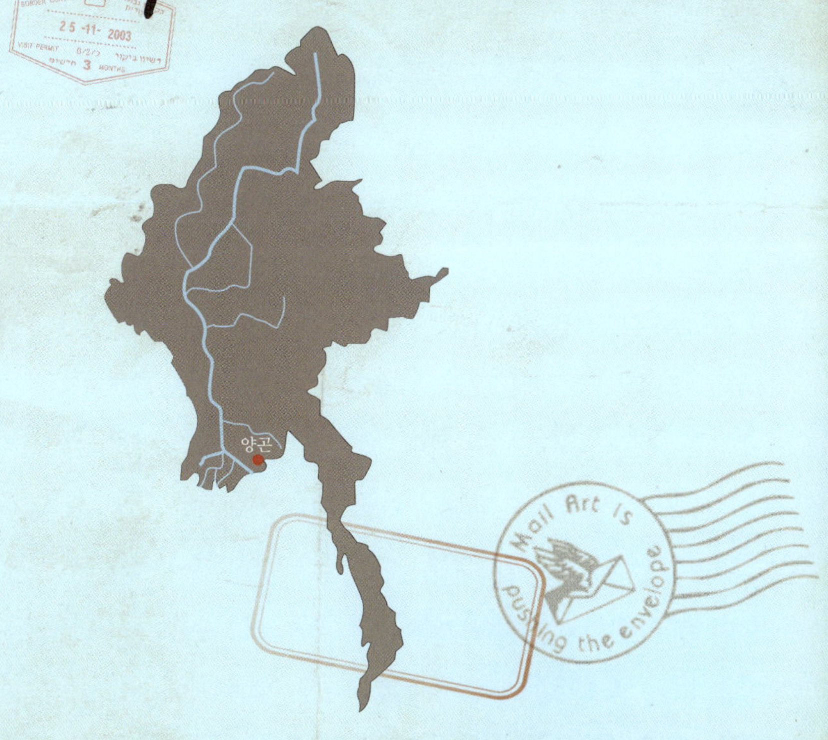

13

간절한 기도, 아름다운 사람들

양곤 쉐다곤 깐도지

myanmar

양곤의 오늘 날씨는 하루 종일 흐리고 비, 흐리고 비네요.
잠시 동안이라도 하늘이 열리지 않을까 하는 혹시나 하는 기대를 가져봅
니다.

걷고 있으면 바닥에 앉아 간절히 기도하는 사람들이 있어요. 저도 간절히 기도 드려봅니다.
"로또 1등 당첨되게 해주세요. 미얀마에 눌러 살겠습니다."

요 꼬맹이를 만났는데 너무 예쁜 거예요.
제가 첫사랑에 실패를 하지 않아 만약 아들이 있었다면 바로 며느리 하자고 했을 텐데 아쉽습니다.

꼬마아가씨의 어머니는 30분 넘게 기도중입니다.
꼬마와 사진 한 장만 찍자고 바디 랭귀지로 제가 자꾸 조르니까 기도하
는 어머니 뒤에 숨습니다.

"난 그렇게 좋은 사람은 아니지만 널 물거나 하지 않아"
"아저씨 사진 한 장만 찍게 해주면 안 되겠니 Baby?"

아이들 설득을 포기하고 아이들 어머니를 설득하기 시작했어요.
애가 너무 예뻐서 그러는데 사진 한 장만 찍자고 물론 수준 있는 바디 랭
귀지로 말을 걸었어요.
오른손 검지 손가락을 편 후 오른쪽 눈 쪽으로 가져갑니다.
왼손은 오른손을 거들고 오만상을 다 찡그리고 간절하게 몸부림치면 불쌍
해 보여서 그런지 미얀마 사람들은 무슨 부탁이든 한번은 들어 주더군요.

사진을 찍으라고 어머니가 아이들을 제 앞쪽으로 등 떠밀어 주셨는데
아이들 심기가 많이 불편해 보입니다.

"한 번만 웃어 주면 안 되겠니..."

마지막 날 쉐다곤 파고다에 오기를 잘했다고 생각했어요.

맛있는 반찬을 남겨두었다 마지막에 먹는 분들은 쉐다곤 일정을 마지막
에 넣으시라고 말씀드리고 싶네요.

불심으로 가득 찬 이곳은 그냥 즐거워요. 많은 사람들을 보는 재미도 있
고요. 이것저것 구경할 거리도 많아요. 해적? 으로 보이는 인형? 도 있
어요.

"나 이거 케리비안베이에서 본 적 있는데~"

쉐다곤은 하루 일정으로 방문해도 심심하지 않을 것 같았어요.

별천지 같다고나 할까요?

지나가는 사람들이나 아이들 사진
을 마음 놓고 찍어도 부처님 앞이라
그런지 누구 하나 화내는 사람이 없
습니다.

"엉아 나쁜 사람 아냐"
"우리 아기 인상 좀 펴자"

쉐다곤 벽 곳곳에는 부처님의 일화를 담은 입체 그림이 있습니다. 한국 불교와 다르게 미얀마 불교는 화려하고 섬세하다는 생각이 들었어요. 쉐다곤에서는 마치 성당이나 교회의 벽화를 보는 듯 아기자기하게 잘 꾸며있는 색색이 멋을 낸 불전을 구경하실 수 있습니다.

붓다는 죽기 전 자신의 제자들에게 그의 삶에서 중대한 사건들이 일어났던 중요한 장소 네 곳을 기억하라고 명했는데 그 장소들 중 하나가 부다가야입니다. 석가모니가 다이아몬드 옥좌에 앉아 보리수나무 밑의 땅에 손을 댄 자세로 깨달음에 도달했다고 전해지는데 그 깨달음을 얻었던 자리에 마하보디 사원의 대탑이 세워졌습니다.

현재 마하보디 사원의 보리수나무는 아쇼카왕의 부인이 불교에 빠진 아쇼카 때문에 보리수나무를 배어 버렸지만 아쇼카 딸인 상가미타가 보리수의 남쪽가지를 꺾어 스리랑카의 아누라다푸라에 묘목을 심어 놓은 것이 있어서 그 곳에서 보리수나무를 다시 가져와 마하보디에 옮겨 심은 것이라 합니다.

쉐다곤 파고다에 있는 보리수나무도 스리랑카의 아누라다푸라에서 종자를 가져와 심은 것으로 부처님이 깨달음에 도달했던 당시 보리수나무의 손자 벌 정도 된다고 여겨지네요.

사람과 보리수나무가 함께 있으니 그 크기가 어마어마합니다.

미얀마의 론지

미얀마의 사람들은 남녀노소 모두 '론지'라는 치마를 즐겨 입는데
론지는 미얀마 전통의상으로 발목까지 내려오는 긴 천을 허리에 여며
입는 것이 특징입니다. 일자로 된 통치마를 두른다는 표현이 더 잘 어울
릴 것 같아요.

론지를 입는 방법에는 남녀 차이가 있는데
여성의 론지 '타메잉'은 천을 허리에 감아 두른 후 남는 부분을
허리춤에 집어넣으면 되고
남성의 론지 '뻐소'는 양쪽에서 팽팽하세 당겨 배 중앙 부분에서
매듭을 지으면 됩니다.

전통의상이라 함은 행사 때나 잠시 입는 옷이 된 우리네와는 다르게 이
곳의 론지는 일상생활에 즐겨 입는 옷이라는 것이 굉장히 인상적이에요.
아마도 햇빛이 강한 날씨와 다리를 드러내면 안 되는 불교문화가 있는
미얀마엔 이보다 더 좋은 의상은 없을 듯합니다.

일반적으로 여성의 론지는 색이 화려하고 예쁜데 반해 남성의 론지는
색이 우중충하고 모양도 단순한 모양 밖에는 없었어요. 전 남자인데도
여성용 론지가 입고 싶었습니다. 일단 사가지고 온 론지가 하나 있으니
Size만 맞춰서 다음에 미얀마에 놀러 갈 때는 한국식으로 남성용 론지
를 만들어 가는 것도 나쁘지 않을 것 같다는 생각이 드네요.

20분 정도 걸었나봐요. 깐도지 호수에 도착합니다.

호수에 들어서자마자 예쁜 아가씨가 제 손을 잡고 두 번째 사진에 있는

집으로 데려갑니다. 뭐라고 말하면서 데려 갔는데 간만에 아가씨한테

손목이 잡히니 가슴이 뜁니다. 저는 서른 두 살인데요.

그냥 호객행위 인가보다 하고 침 흘리며 아가씨를 따라

가게 앞에 갔어요. 진짜 가게처럼 생겼어요.

가게 주인으로 보이는 사람이 뭐라고 말하는데

무슨 소린지 들리지도 않아요. 이미 제 가슴은 뛰고 있기 때문에

"아이스커피 벨라울래?"

"2달러!"
"오케이 2달러"
그리고 제가 받아든 것은 2달러짜리 입장권(스티커)이었어요. OTL

입장료 2불

깐도지 호수에서 만난 아가씨들입니다.
저보고 핸썸하다고 띄워줘서 메일 주소를 적어 줬는데
아직도 연락은 없네요.
"늬 들도 말 뿐인게냐?"
그리고 보니 미얀마에서 날아온 메일이 한 통도 없습니다.
Gmail을 사용하기 때문에 사용 가능할 것으로 보였는데
아무래도 인터넷을 접하기가 아직까지 쉽지만은 않은 것 같네요.
언젠가 미얀마에서 날아올 메일을 기대해 봅니다.
깐도지 호수는 알고 보니 연인들의 밀애장소!!

밝은 대낮 여기저기 우산을 펼쳐들고 남녀가 숲속에서 뭘 하는지 알지만
그래도 모르는 척 물어 봅니다.
"뭘 하는 거야?"

그랬더니 오히려 제게 질문을 했어요.
"깐도지 호수의 엄브렐러 스토리를 모르세요?"

슬슬 미얀마와 작별을 고해야 할 시간이 되어 갑니다.
깐도지는 오늘의 마지막 코스였으니까요.
아쉬움이 많이 남아요.

만달레이에서 만난 사람들, 슬로우보트에서 만난 사람들 사진을
못 찍은 것도 아쉽고, 짜투리 시간을 활용하지 못하고
더 재밌게 놀지 못한 것도 아쉬움으로 남습니다.
언제 다시 미얀마에 올 수 있을까요? 내년 띤잔때 꼭 오고 싶은데
제 계획에 별일이 없기만을 바랄 뿐입니다.

에 휴~ 별일이 생겨 버렸네요.

나무로 만든 다리를 건너 밖으로 나오니까 택시가 한 대 서 있었어요.
정확이 말하면 택시는 한 대 서 있고 사람은 누워 자고 있었어요.

"인터네셔널 에어포트 벨라울래? 국제 공항까지 얼마예요? "
돌아온 대답은 "9,000짯"이랍니다.

이게 아직 잠에서 덜 깼나!
5,000짯이면 가는 걸 아는데 깎아달란 말도 안 하고 돌아섭니다.
'한국에서 미얀마 오기 전 조사해온 금액을 턱없이 넘긴 건 너가 첨이야~'

그때 손님을 태우고 막 도착한 택시가 있었어요.
뒤 늦게 아차 싶은 택시운전수가 뒤에서 7,000짯에 가 주겠다고
막 소리치지만 저는 뒤돌아 보지도 않았어요.
택시엔 부처님께 공양하는 쟈스민 꽃도 매달려 있지 않았고 처음부터
너무 높은 금액을 불렀기에 좋은 여행하고 마지막에 좋은 기억을
망쳐 버릴까봐 말도 섞기가 싫었습니다.

새로 도착한 택시 기사가 창문을 내립니다.
"인터네셔널 에어포트 벨라울래?"

눈치 빠른 택시기사는 4,500짯 달랍니다.
"콜~"

공항에 도착하고서는 5,000짯 줬어요. 어차피 택시비로 주려던 돈이니
양심 있는 택시기사한테는 제값 주는 게 아깝지 않았습니다.

"앞으로도 한국인 잘 부탁해~"

택시비 5,000짯

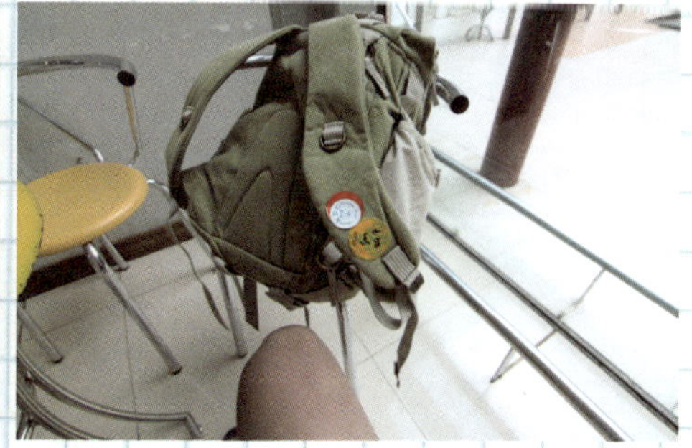

비행기에서 기내식 먹을 걸 생각
하고 양곤 공항에서는 간단히
허기만 달랩니다.
가방에는 술래, 쉐다곤, 깐도지
입장 스티커가 붙어 있네요...
시간이 조금 남아 돈을 꺼내
역 환전을 준비합니다.

공항 샌드위치 + 콜라 2,700짯

공항 화장실입니다. 변기 좌측에는 샤워기 같은 것이 달려 있어요.
누르면 물도 나옵니다. 호텔에서 볼 때 마다 이건 뭐지? 하는
생각이 들었는데...
아직도 어디다 쓰는 물건인지는 미스터리입니다.

앞에 휴지도 있는데 볼일보고 손 닦으라는 건지
아니면 비대대용으로 쓰라는 건지
아니면 큰일 치루고 조준 잘못했을 때 청소용으로 쓰라는 건지

전 이거 가지고 호텔에서 신발을 빨았는데
한국 돌아와서 미야비즈 카페 분이 가르쳐주셨어요.

정답은 청소용 3번입니다.

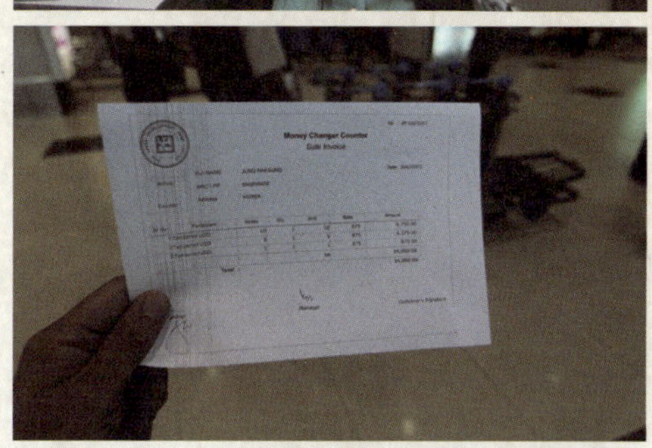

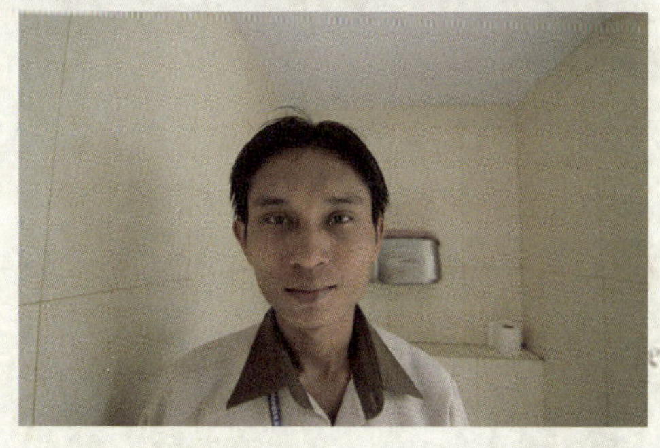

역 환전해 준 아가씨랑 공항 스텝분 사진이에요.
700짯은 역 환전이 안 돼서 그냥 가져왔습니다.
내년 1월에 미얀마로 사진여행을 떠나신다고 하신 저희 사무실 선생님께
선물? 해 드렸더니 책상 밑에 넣어 두셨네요.
제가 미얀마 바람을 살짝 불어 넣어드렸더니 반드시 가시겠다는
굳은 의지를 보이십니다.

그리고 훗날 이분이 제 달력 선물을 코토우 가족에게 전해 주셨습니다.
세상에 인연이란~ 얽히고 설키는 것 아닐까요? 암튼 재밌습니다.

방콕행 비행기를 탔는데… 이미그네이션 카드를 못 받았어요.
비행기에서 내리면서 달라고 하고 작성을 했는데 시계를 보니까
시간차 때문에 남은 시간이 1시간 밖에 없는 거예요.
밖에 나갔다 들어오면 비행기를 놓칠 것 같아 그냥 게이트를 찾아
환승하기로 합니다.
그런데 받아든 티켓에 게이트 번호가 또 없습니다. 이번에도 물어물어
찾아 가야하네요.
대한항공 직항 생겼다는데 이제 이런 수고는 덜 수 있을지 모르겠습니다.

참! 공항에서 많은 한국 사람을 봤는데 역시나 아저씨들.
금목걸이, 금반지, 금팔찌는 이제 그만 차고 다니시죠?
하나도 안 멋있어요.
간접적으로 '저 좀 털어주세요~ 강도 만나고 싶어요.'라고 밖에
안 보입니다.
부디 안전한 여행을 위해 집에 놔두고 오시길 부탁드려봅니다.

한국에 도착한 사진은 없네요.

월요일 한국에 돌아오자마자 바로 출근했어요.
여행가방 메고 반바지 차림으로 그냥 출근했습니다.
계획대로 한 시간 지각했네요.

제가 담아온 미얀마 이야기보따리는 여기까지입니다.

epilogue

시간에 쫓기듯 관광지를 둘러보고 한국에 돌아오면 이렇다 할 추억도 없는 그런 일회성 여행은 하기 싫었다.
짧은 시간을 여행하더라도 그리움이 남는 여행을 하고, 그리움에 이끌려 다시금 발길이 닿을 수 있는 그런 추억을 만들고 싶었다.

SLR클럽 보쉬님과의 인연, 안성중대 사진반 선배님이신 박혜정 선생님이 이어준 인연, 미얀마에서 제 사진을 보시고 찍어다 주신 joy5001님의 인연
미얀마에서 찍어온 고양이와의 인연들, 그리고 코토우 가족들과 닌닌의 가족들, 쇼수와의 인연들을 잊고 싶지 않았다.

부족하기만한 여행기를 책으로 역고자 마음을 먹은 이유는 내가 돈을 주고 살 수 없는, 지금 붙잡지 않으면 멀리 떠나갈 것 같은 인연의 고리를 역고 싶었고 훗날 저 멀리 미얀마에 있는 친구들에게 내 소식이 전해져 그때의 그리움과 추억을 함께 공유하고 이야기 하고 싶은 바람을 전하고 싶었기 때문이다.

태어나서 처음부터 잘하는 사람을 천재라 부른다면 나는 해당사항이 없으므로 시행착오가 필요하고 경험이 필요한지라 이것을 계기로 "글"과 친해질 수 있지 않을까 하는 기대도 해본다.

산골짜기 맑은 물 마시며 농사를 짓고 오손도손 가족과 함께 살고 싶은데…….
결혼도 해야 하고 돈도 벌어야하니 나는 모래알같이 작은 인생조차도 내 마음대로 살수 없는 힘없는 존재라는 것을 느낀다.
할 수 없이 내 의지를 억누르며 삶의 틈바구니에서 살아보겠다고 아웅다웅 살다 보니 나를 소개해야 할 때가 생기고 나를 알려야 할 때가 생기는데 내 명함을 건네는 시간은 언제나 짧기만 하다.
어떻게 하면 짧은 시간에 나란 사람을 소개할 수 있을까?

이런저런 이유로 무작정 출판사 사장님과 약속을 잡고 다짜고짜 책을 내러 왔다고 하니 출판사 사장님은 내게 이렇게 말했다.

"세상에 성공한 사람들 중 1%만이 책을 냅니다."

"사장님 저는 일단 1%안에 먼저 들고 성공하겠습니다."

미얀마 여행 영수증 정리

일자	내용	원	짯	불
4월 25일	타이항공권 구매	847,000		
7월 12일	에어아시아 항공권 구매	127,820		
7월 21일	IBBG 티켓 수수료		5,000	
	IBBG 공항안내 티켓운송비		5,000	
	만달레이 공항 택시비		12,000	
	로얄게스트하우스 숙박비			9
	자전거 대여료		1,500	
	침심 겐멕 개린후리이		1,200	
	물 작은 것1개, 큰 것 2개		750	
	자두		400	
	우베인 자전거 보관료		500	
	우베인 보트비		4,000	
	우베인 보트드라이버 팁		1,000	
	나일론 아이스크림 2개		1,000	
	저녁 후라이 라이스 치킨		1,500	
7월 22일	슬로보트			15
	슬로보트 제티까지 택시비		5,000	
	옥수수		1,000	
	맛 이상한 과일		1,000	
	후라이 누들		1,500	
	미얀마 비어		2,500	
	계란 후라이		500	
	바간제티에서 숙소까지 호스카		3,000	

날짜	내역			
	게스트하우스 이틀 숙박비			20
	바간 입장료			10
	저녁 후라이 누들 치킨		1,500	
	물 큰 거		300	
	저녁식사 팁		200	
7월 23일	아침 모힝가		300	
	모닝 커피믹스		300	
	론드라이		2,000	
	팔찌		8,000	
	동자승 두 명 도네이션		2,000	
	월페인팅 사진 도네이션		500짯	
	아난다 도네이션		50	
	점심 골든미얀마		6,400	
	썬업 포함 호스카 투어비		18,000	
	껄로 버스 예약		11,000	
	저녁 육수 국수		500	
	미얀마 티		300	
	물 큰 것		300	
	론지		4,000	
	미얀마 티 두 잔		400	
	술값		5,400	
7월 24일	파인애플		500	
	아점 후라이 누들 치킨		200	
	바나나 쥬스		500	
	이스턴 파라다이스 숙박비			15
	트레킹		55,000	
	저녁 더진		5,500	
7월 25일	물 네 개		1,600	

날짜	항목		금액	
	캔맥 해바라기 씨		1,200	
	보트비 회수		-10,000	
7월 26일	미얀마티		400	
	인레 입장비			5
	집시인 방값 이틀		20,000	
	쇼수 팁		10,000	
	론드리		1,000	
	쉐냥에서 양곤까지 버스예약		15,000	
	저녁 후라이 누들 치킨		1,500	
	캔맥		1,000	
7월 27일	보트 투어비		20,000	
	팔찌		7,000	
	닌닌선불		11,500	
	인레 담배		3,000	
	귀걸이 2셋		40,000	
	점심값		6,000	
7월 28일	미얀마 티		200	
	낭쉐에서 쉐냥까지 택시비		3,000	
	화장실		100	
	후라이 라이스 치킨		1,500	
	군것질 빵		100	
	후라이 라이스 피그		1,500	
7월 29일	터미널에서 역까지 택시비		7,000	
	양곤 순환열차			1
	순환열차 불량식품		200	
	역에서 사쿠라 타워 택시비		2,000	
	아점 베이커리		2,500	
	물		600	

날짜	항목			
	화장실		200	
	술래 입장료			2
	술래 꽃다발		1,000	
	술래 도네이션		500	
	길거리 불량식품		200	
	쉐다곤 입장료			5
	깐도시 입장료			2
	깐도지에서 공항 택시비		4,500	
	택시기사 팁		500	
	공항 샌드위치		2,700	
7월21일	400불 환전		346,800	
	사용금액		328,500	
7월 29일	역환전 16불		14,000	
	가지고 온 돈		700	
	어디다 썼는 지 모르는 돈		3,600	
TOTAL		974,820	332,100	84
	원화로변환 (400+84-16)1124=	526,032		
TOTAL	총 사용 금액	1,500,852		

비고	미얀마공항이나 은행에서 환전은 100달러 지폐가 유리합니다만 저처럼 입장료와 숙박료 등을 달러로 지불하시려면 미리미리 은행에서 빳빳한 소액권 달러도 챙겨 가셔야 해요. 참고로 미얀마에서는 새 것 같은 달러가 아니면 사용이 불가합니다.

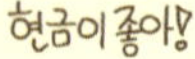

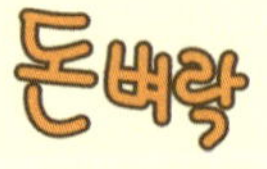

영수증 정리를 쉬엄쉬엄 부지런히 했어야 하는데 어디다 썼는지 모르는 돈이 3,600짱이나 나왔네요. 아마도 바간 사원에서 도네이션을 한 것 같은데 기억이 나질 않습니다.

영수증 정리를 하니까 미션이 생기네요. 내년 4월까지 1,500,000원을 다시 모아야 하는데 생활비를 어디서 줄여야 할지 막막합니다.

오늘 사무실 직원 세 명 이서 로또를 쌌어요... 5천원씩

A4용지에 로또 세장을 올려놓고 당첨되면 1/n 하겠다고 서명 한 후 복사해서 한 장씩 나눠가졌지요. 제 아이디어로요.

당첨금은 3배로 줄었지만 당첨률은 3배로 높아졌어요.

미얀마에서 기도도 했는데 기대해 봅니다.^^

이름과 번호는 저 혼자만에 생각으로 올리면 안 될 것 같아 자체 보안처리합니다.

1. 폴라로이드 카메라

디지털 카메라가 있다면 사진 인화용 프린터 미얀마는 특별한 날에만 사진을 찍을 수 있습니다. 우리나라도 디지털 카메라가 보급되기 전에는 사진을 쉽게 찍을 수 없었잖아요? 지금의 미얀마가 그렇습니다.

2. 청색 볼펜

중국, 한국, 일본은 붓글씨 문화를 가지고 있어 검정 볼펜이 표준이라면 미얀마는 청색 볼팬이 표준입니다. 검정 볼펜을 나눠줘도 학교나 관공서에서는 사용이 안 돼요.

3. 립스틱

미얀마에서는 화장품이 비싸다고 하네요. 도움을 받은 남자 아이에게는 청색 볼펜을 나눠주고 여자 아이에게는 립스틱을 선물했습니다. 감동 쓰나미를 느끼실 수 있을 거에요.

4. 막대사탕

애기들 주려고 가져갔습니다. 막대 사탕은 엄마가 애기한테 조절하면서 먹여줄 수 있다는 장점이 있어요. 그리고 저도 그냥 사탕 보다는 막대 사탕을 좋아합니다. 속도 조절도 되고 사탕이란 것이 입에서 잠깐 빼고 싶을 때가 있기 때문에,,,

5. 미얀마 회화 간단한 프린팅

미얀마 숫자나 간단한 회화를 프린팅해 가시거나 아니패드나 겔럭시 탭 같은 테블릿 PC에 담아 가시면 유용하게 쓰실 수 있어요. 현지인과 더 친해질 수 있는 계기가 됩니다.

6. 손전등, 핫팩 

여행 동선 중에 야간 버스나 트레킹 코스가 있으시다면 손전등 꼭 챙기세요. 야간버스로 냉동 버스를 타실 수 있어요. 그리고 트레킹하면서 숙박을 하신다면 핫팩 생각이 간절하실 겁니다. 산속에 밤은 추워요. 이불을 주기는 하는데 한국에서 사용하는 보온 효과가 좋은 이불이 아니거든요.

7. 물티슈 

필수품 중에 필수품입니다. 당신의 여행을 깨끗하게 맑게 자신있게 해줄 거예요.

8. 한국 연예인 사진

송승헌, 원빈, 송혜교, 이민호, 송일국, 비 등 그때 그때 미얀마에서 인기가 좋은 연예인 사진을 인터넷으로 저렴하게 출력해서 가져가시면 최고에 인기를 누리실 수 있습니다.

저는 제 사진을 가지고 가서 뿌렸습니다.^^

9. 손수건 

매연이나 먼지가 입으로 들어오는 것 을 막기 위해 필요하실 때가 있을 수 있어요.

10. 상비약 

소화제, 뿌리는 모기약, 상처에 바르는 밴드, 설사약, 감기약

11. 기타

우기에 여행하신다면 3단 우산, 칫솔, 치약, 비누, 그리고 등산화

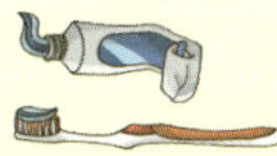

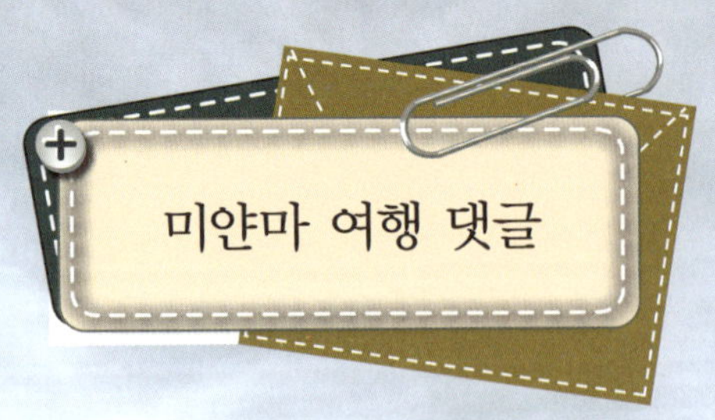

바간난 - 정말 즐거운 여행을 하시는군요. 밀크 부분에서 크게 웃고 말았습니다.
여행기 재밌게 읽고 있습니다. 이건 개그예요.
공항에서 지각하며 출근해야 했다는 말에 조금 새삼스러웠네요.
사실은 1052님이 백수일지도 모른다고 생각했거든요.
미얀마에서 여행모습이 너무도 순수하고 순진스러워서 바쁘고 각박하게 살아가는
현대인의 모습은 아니라고 여겨졌어요. 바가지를 조금 씌우는 것 같아도 콜~!!
이고 옥수수 한 개를 천 원에 사 먹은 사람은 아마 1052님이 기록에 오르지 않았나
싶네요. 그런데 그것이 바보 같아 보이는 것이 아니라 넉넉한 마음의 여유와 배품을
아는 사람이구나 하는 생각에 즐거운 마음으로 읽어내려 갈 수 있었습니다. 미얀마
에서의 추억을 늘 간직하시기 바랍니다.

하늘호수 - 저도 이여행기를 따라 여행하고 정보까지 얻겠습니다. 님의 여행기 읽고
미얀마 날아가 있는 듯 하네요.

용이 - 긍정의 아아콘 재밌어요. 여행기

마글라빙 - 한참 배꼽을 잡았습니다. 비행기 음료주문부터 뭔가 범상치 않으시더니
치맥을 시켰는데 맥주에 계란후라이라니 아이구야ㅋㅋㅋ 자음 남발해서 죄송한데
제가 본 가장 재밌는 미얀마 여행기네요 더위에 짜증나는 요즘 빵 터지게 해주셔서
감사드립니다.

신경쇠약 - 유쾌한 여행기에 소박하고 정감 있는 사진들이네요. 재밌게 잘 봤습니다.
감사합니다.

석치 - 다 읽고 난 뒤에도 얼굴에 미소가 떠나질 않습니다.

날자 얀 – 유쾌하고 재밌어요. 나름 길게 써주신 여행후기인데 너무 짧게 느껴지네요. 글이 센스 만점이네요. 맘이 너무 예쁘세요. 바가지는 근절시키되 나에게 도움을 준 사람에는 여행에서 주는 넉넉한 임심을 베푸는 모습 정말 보기 좋습니다. 최고!! 글만 읽었는데도 성격 짱!! 좋아 보이시고 매우 합리적으로 돈을 쓰실 줄 아는 모습에 호감^^ 아줌마에요ㅋㅋ

찰리 – 재밌게 잘보고 갑니다 ㅋㅋㅋ 자음 남발하게 되네요. 9월에 가는데 많이 설레네요. 잘 보고 갑니다.

토트 – 흐뭇함.^–^

범수 – 구수하고 위트 넘치는 설명에 미얀마를 방문하고 싶어지네요. ㅎㅎ

모글 – 시중에서 판매하는 여행서보다 재밌고 생생합니다. 좋은 정보 감사합니다. 잠이 안 와서 바람소리만 듣고 있던 차에 기다리던 글이 올라 왔네요. 잘 보고 갑니다. 맨날 눈팅 만 하던 저도 다음 달에 미얀마를 들어갑니다. 오늘 티켓 예매했죠, 갈까 말까 고민하다가 님께서 올려주신 여행기 보면서 꼭 가보자로 마음을 굳혔습니다. 글 감사합니다.

내무반장 – 아주 재밌네요. 속속들이 사연들이 다 있군요. 쉽게 지나칠 것도 챙기시고 훌륭하십니다. 술로 보내버린 것은 전사에 길이 남을 승리입니다. 축하합니다. 즐겁고 잼있는 여행인 것 같습니다. 여유도 부리면서 님의 페이스대로…
의지의 한국인의 기상을 미얀마 땅에 솔선수범으로 보이신 님의 의지에 찬사를 보냅니다.ㅋㅋㅋ

클로버 – 재밌게 여행기 읽고 갑니다.

봉봉이 – ㅋㅋ 엄청 재밌게 읽었어요.^^ 아 진짜 배 잡고 웃었어요.ㅋㅋㅋㅋ 진짜 의지가 대단하시네요.

모글 – 정말 재밌게 보고 갑니다.

땡이 – 여행기를 읽다 보면 어느덧 입가에 미소가 지어집니다. 잘보고 있어요.^^ 잊지 못할 트레킹이 되셨네요. 길이길이 기억 될...^^

23yagu – 글도 재밌고 사진도 잘 봤습니다. 특히 글들을 읽으면서 많~이 웃었습니다.^^ㅋㅋ 저는 여행사로 지인들과 가는데 홀로 여행을 하고 싶게 잘 다녀오셨네요. 조언하신대로 아줌마 품격 잘 지키고 다녀올게요. 덕분에 낯설지 않게 다녀올 것 같아요. 감사합니다.

구레처녀 – 사진구성 모두가 재밌네요. 전문 작가로 전업하셔도 많은 독자층 있을 듯...

cia486 – 글 잘 쓰시네요. 마음 씀씀이도 좋으시고 얼굴도 훈훈하시고 덕분에 미얀마가구 싶은 맘만 새록새록 오르네요.^^ 잘 봤습니다.

미얀마가자 – 아하하~ 너무 현실적이네요. ㅋㅋ 아유 헝그리? ㅋㅋㅋ
엄마 귀걸이...ㅋㅋㅋ 완 싸우전ㅋㅋㅋㅋ 그리 깊은 뜻이 ㅎㅎㅎ
글을 참 재미나게 쓰시네요. ㅎㅎㅎ 삼성 간판 보다가 멍 때린 적 있는 일인 여기 추가요 ㅋㅋㅋ

아띠 – 어찌어찌 여까지 찾아 왔음다. 인기짱이네요.

추억담기 – 모두 준비완료 날자만 가면 됩니다. 님 께서 다니신 길 뒤따라 다녀 보렵니다. 오늘도 즐거운 맘으로 잼 나게 사진 글 보았습니다.

와우성주다 – 와우 엄청난 여행기인데요. 조만가 서점에서^^

베토벤 – 푸하하하~~~ 재밌군요. 비 오는 날의 맨발의 청춘~~~캬~~~

노랑풍선 – 추억도 그립고 또다시 마주할 설렘으로 님의 여행기 재밌게 잘보고 있어요. 감사합니다.

작토 – 삼성 간판 부분에서 나도 모르게 큰소리로 웃었네요. ^^;;

고래세상밖으로 – 알뜰 여행하셨네요.~^^

산길로 – 와 대단하십니다. 잘 읽었습니다. 감사합니다.

신조아 – 여행기 잘 봤습니다. 미얀마 여행에 많은 도움 될 거에요. 특히 그곳의 경비를 예상할 수 없었는데 님의 지출내용을 보니 가늠하기 좋군요.

파란하늘 – 와~ 9월 중순에 1주일간 여행 가는 정말 많은 도움이 되었습니다.^^ 감사합니다.

미얀마를 즐기다

초판 1쇄   2013년 8월 12일

지은이   정해성
발행인   김재홍
책임편집   권다원, 김태수, 이은주
마케팅   이연실

발행처   도서출판 지식공감
등록번호   제396-2012-000018호
주소   경기도 고양시 일산동구 견달산로225번길 112
전화   031-901-9300
팩스   031-902-0089
홈페이지   www.bookdaum.com

가격   13,000원
ISBN   978-89-97955-77-0   03890

CIP제어번호   CIP2013012881
이 도서의 국립중앙도서관 출판시 도서목록(CIP)은 e-CIP 홈페이지(http://www.nl.go.kr/ecip)에서 이용하실 수 있습니다.

CAMERA

CAMERA